Ismoiljon Karimdjon Ugli

Geografia da Ásia Central

AF387813

Ismoiljon Karimdjon Ugli

Geografia da Ásia Central

ScienciaScripts

Imprint

Any brand names and product names mentioned in this book are subject to trademark, brand or patent protection and are trademarks or registered trademarks of their respective holders. The use of brand names, product names, common names, trade names, product descriptions etc. even without a particular marking in this work is in no way to be construed to mean that such names may be regarded as unrestricted in respect of trademark and brand protection legislation and could thus be used by anyone.

Cover image: www.ingimage.com

Este livro é uma tradução do original publicado sob ISBN 978-620-3-84021-6.

Publisher:
Sciencia Scripts
is a trademark of
Dodo Books Indian Ocean Ltd., member of the OmniScriptum S.R.L Publishing group
str. A.Russo 15, of. 61, Chisinau-2068, Republic of Moldova Europe
Printed at: see last page
ISBN: 978-620-3-63714-4

Copyright © Ismoiljon Karimdjon Ugli
Copyright © 2021 Dodo Books Indian Ocean Ltd., member of the OmniScriptum S.R.L Publishing group

GEOGRAFIA DA ÁSIA CENTRAL

Ismoildjon Karimdjon Ugli

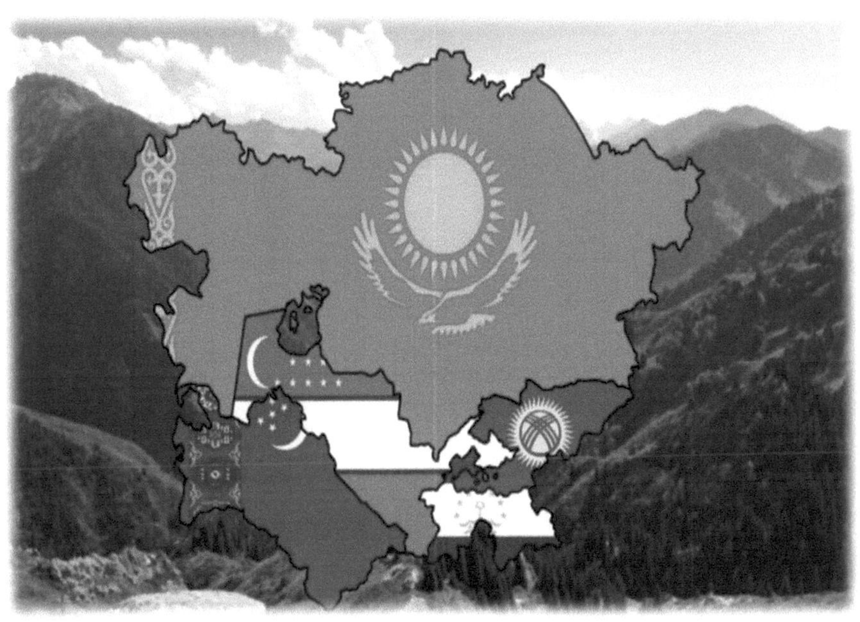

Índice

Introdução

Este livro cobre as principais áreas de informação sobre os países da Ásia Central e o seu potencial natural, económico e social.

O século XXI assistiu a uma série de mudanças económicas, sociais, e políticas na Ásia Central. Isto teve um efeito profundo na economia da Ásia Central, na geografia da população, e no desenvolvimento das regiões. Os processos de integração, globalização e integração têm-se desenvolvido nos países da Ásia Central. A situação política, a economia e a sua estrutura, os indicadores quantitativos de especialização mudaram, a integração dos países foi formada, e surgiram novas alianças e associações económicas e políticas.

Este manual cobre as fronteiras, localização geográfica, condições naturais, recursos naturais, minerais e suas reservas, economia, indústria, exportações e importações, transportes, produto interno bruto, população, densidade populacional, agricultura na Ásia Central. É dada especial atenção às características do desenvolvimento económico e aos mapas, gráficos e diagramas estatísticos. Além disso, algumas estatísticas e outros dados geográficos económicos podem não ser suficientemente fornecidos pelos autores.

Autor

Países da Ásia Central

Plano:
1. Localização geográfica natural e económica e fronteiras do
   Estados da Ásia Central.
2. Condições e recursos naturais dos países da Ásia Central.
3. Geopolítica da Ásia Central.

Área - 3993,0 mil km2. A população deverá atingir 73,1 milhões em 2018. pessoa Após o desmembramento da antiga União Soviética, as cinco repúblicas da Ásia Central do Uzbequistão, Cazaquistão, Quirguistão, Turquemenistão e Tajiquistão adoptaram o termo "Ásia Central" numa reunião oficial em 1992. Agora o termo é aceite pela comunidade mundial. O termo é amplamente utilizado por muitas organizações internacionais, cientistas políticos internacionais, historiadores, sociólogos, advogados, economistas. Porque a Ásia Central é mais conhecida no mundo do que o termo Ásia Central.

Países da Ásia Central

	Cazaquistão	Nur-Sultan
	Uzbequistão	Tashkent
	Tajiquistão	Dushanbe
	Turquemenistão	Ashgabat
	Quirguizistão	Bishkek

Foram abertos institutos de investigação que estudam a Ásia Central em países estrangeiros. Mas geograficamente, inclui o Afeganistão, parte da Mongólia, e a província chinesa de Uyghur. Existe também o termo Ásia Central no sentido mais lato, que inclui o Irão, o Azerbaijão, a Turquia, e mesmo partes da Índia. Por conseguinte, o termo Ásia Central é utilizado em estudos geográficos. Assim, estudamos 5 Estados independentes na Ásia Central do ponto de vista económico e geográfico.

A Ásia Central estende-se por 7.000 km desde o Mar Cáspio até ao Mar do Japão e 1.500 km de norte a sul, cobrindo uma área de 6 milhões de quilómetros quadrados. A Cordilheira do Tibete, que está ligada às cadeias montanhosas Kopetdag, Hindu Kush, Pamir e Kunlun, protege este grande país da influência dos mares do sul. No norte, as montanhas Altai e Sayan, as cadeias de Stanovoy e Yablonevoy, e a cadeia de montanhas Xingan protegem dos efeitos do Oceano Árctico. As montanhas de Tianshan dividem a Ásia Central em duas partes. O clima da Ásia Central é um clima de deserto continental acentuado com ventos fortes. Turistas que estudam a Ásia Central encontraram leitos de rios desconhecidos, ruínas de cidades antigas, e poços cheios de areia que não são mostrados nos mapas.

Na Ásia Central, o Amudarya e o Syrdarya são as forças naturais que podem resistir às dunas de areia, e Issyk-Kul, o Mar de Aral, e o Mar Cáspio retêm humidade. A Ásia Central estende-se por 2.400 km de oeste a leste e 1.280 km de norte a sul. As massas de ar temperado e tropical prevalecem. As tempestades de areia que aqui ocorrem ensinaram os povos da Ásia Central a trabalhar incansavelmente para preservar cada parte das suas terras culturais irrigadas. As estepes da Ásia Central estendem-se até às planícies da Hungria, e o processo de formação nómada foi complicado. Inicialmente, surge o "nomadismo precoce", que conserva muitas características da vida semi-sedentária, e o pastoreio nómada emerge e reforça onde as condições naturais não permitem uma agricultura sedentária produtiva.

Figura 1. Mapa político-administrativo da Ásia Central

A emigração teve origem no início do primeiro milénio a.C. em áreas onde só havia uma forma de se adaptar ao ambiente, e tinham o seu próprio modo de vida, procurando condições mais confortáveis. Entrariam em conflito com outras tribos ou estados centralizados na luta pela pastagem. Isto levou-os a concentrarem-se e centralizarem-se, o que levou à formação de "impérios nómadas militares" como Oguzkhan e Genghis Khan. O cavalo foi a base das suas vidas. Era um meio de transporte, a carne era consumida, o couro era utilizado para cobrir sapatos, roupas e casas, as estradas eram feitas de fio, o leite era utilizado para fazer koumiss, iogurte, natas azedas, queijo, e até minhocas. Viviam nas chamadas casas aquecidas durante o Inverno e mudavam-se para pastagens no Verão.

No passado, o país da Ásia Central foi também chamado Turquestão, a terra dos povos túrquicos. A origem da palavra "turco" está associada à dinastia de Noé no reino turco. O seu filho é o nome do filho mais velho de Jafé, que significa radiante, corajoso. Ele foi equiparado ao Sol (que era conhecido como um deus). Foi chamado a Terra dos Povos Turcos (a Terra dos Turcos) com o seu território (nação) e população. Os turcos foram os primeiros khans deste país. Mais tarde, o povo dispersou-se.

O papel dos árabes, dos mongóis-tatares e dos seus descendentes, e mais tarde dos khanates, na formação dos estados da Ásia Central foi enorme. Especialmente no século XIX, sob a influência dos russos, vários estados começaram a formar-se. Como resultado da revolução de 1917, o governo do povo foi estabelecido neles. Na região, sob a liderança de Ya. Rudzutak, foi feita uma proposta para criar regiões autónomas no Turquestão dentro das repúblicas (Turquestão, Khorezm, Bukhara), a qual foi utilizada por V. Lenine e disse que "Turquemenistão, Quirguistão, Uzbequistão" deveria ser criado. A 12 de Junho de 1924, o Comité Central decidiu estabelecer uma fronteira nacional na Ásia Central, excluindo Khorezm, mas a 26 de Julho, solicitaram-na. Em 1924, o Uzbequistão (incluindo a URSS do Tajiquistão), o Cazaquistão (incluindo a URSS do Quirguistão), e a URSS do Turquemenistão foram formados. Em 1929, o Tajiquistão separou-se mais tarde do Quirguizistão em 1936 e tornou-se repúblicas independentes dentro da URSS, e em 1991 recebeu o estatuto de Estado independente.

Figura 3. Mapa histórico da Ásia Central

Nos vales dos rios Amudarya, Syrdarya, Zarafshan e Murgab, existiam vários grandes estados antigos antes do nosso século. (Bactria, Margiyona, Khorezm, Sogdiana, etc.). Até ao início do século XVI, a Grande Estrada da Seda passou pela Ásia Central, ligando a Europa e a Ásia. Mais tarde, com a abertura das rotas marítimas, a Grande Rota da Seda através da Ásia Central encontrava-se em crise. Isto, por sua vez, cortou os Estados da Ásia Central aos mercados estrangeiros. Em meados do século XIX, os ricos recursos naturais da Ásia Central tinham atraído capitalistas estrangeiros. Como resultado, a Rússia anexou a Ásia Central e transformou-a na sua base de matéria-prima. Os caminhos-de-ferro Trans-Caspianos e Tashkent-Orenburg foram construídos para o transporte de matérias-primas.

Fibra de algodão, lago negro, e casulos foram principalmente importados da Ásia Central. O território das Repúblicas da Ásia Central é 18% da CEI e 20% da população. A Ásia Central está localizada no hemisfério norte, na parte central do continente euro-asiático, entre 36 e 55 graus de latitude norte e 47 a 86 graus de longitude leste.

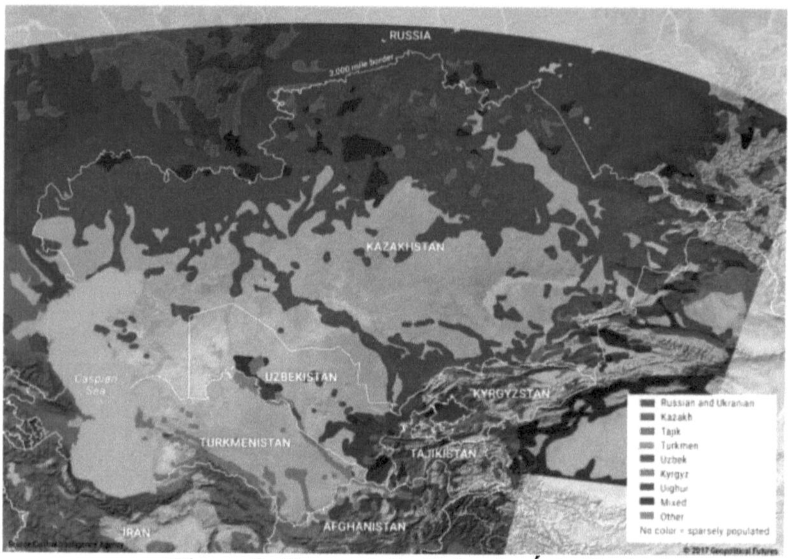

Figura 2. Composição étnica da Ásia Central

A sua localização geográfica natural é a uma distância de 4 oceanos, o oceano mais próximo é o Oceano Índico, que também é afectado pela sua inacessibilidade, abertura a norte e a entrada de ar frio durante os meses de Inverno. Apesar do afastamento do país a oeste, o influxo de massas de ar húmido do Oceano Atlântico contribui para a formação de precipitação aqui. As partes leste e sul estão rodeadas por montanhas dos sistemas Pamir-Alay e Tianshan com uma altitude superior a 7 km, e a parte oeste é plana.

A sua localização geográfica económica - Rússia, China, Afeganistão, Irão vizinho, acesso aberto ao Mar Cáspio - é importante. Mas para chegar à via navegável, que é barata e fácil de ligar com outros países, é necessário atravessar pelo menos 2 países. A proximidade da Grande Rússia e da China tem um efeito positivo no desenvolvimento económico em certa medida, mas prevalecem as desvantagens de países atrasados como o Afeganistão, e é de notar que os países vendem-lhe os seus produtos. este bairro vem a calhar.

As vantagens do transporte e da geografia são importantes para a comunicação com os países do Sul, Rússia e Cáucaso através do Mar Cáspio. A Rússia tem acesso à Europa por via ferroviária através do Cazaquistão. A vantagem é que o norte e o oeste são planos. A presença de altas montanhas no leste impede os laços económicos com a China e outros países. A geografia política do país é caracterizada pela localização do volátil Afeganistão no sul e pela falta de estabilidade, como evidenciado pelos recentes acontecimentos políticos no Tajiquistão em 1992 e no Quirguizistão. A Ásia Central está situada numa região onde antigas civilizações, religiões e grandes potências colidiram. É natural que outras grandes potências tenham as suas próprias visões geopolíticas para fins diferentes até que os novos Estados independentes tenham estabelecido a sua estabilidade económica e política.

Figura 4. Depósitos na Ásia Central

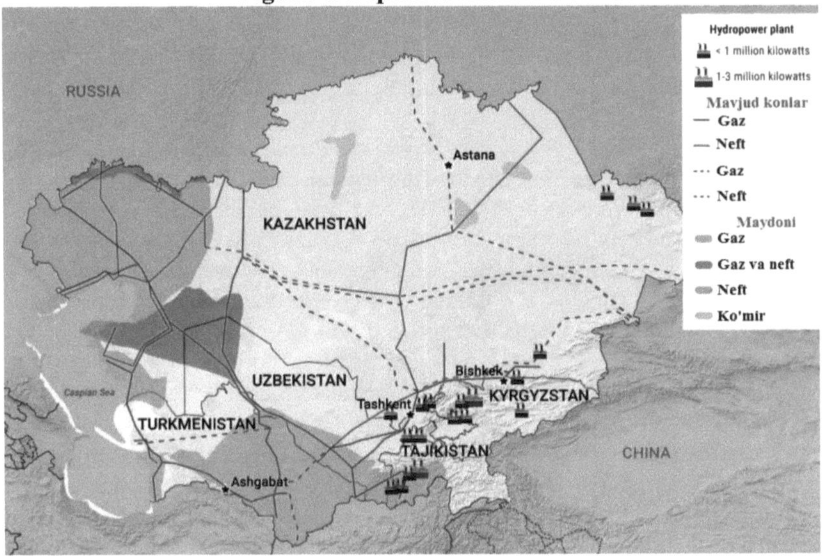

Como resultado do clima ensolarado e quente da Ásia Central, o cultivo de frutas e legumes é conveniente para a população, há muito que é um viveiro de civilização, em muitos aspectos parte integrante de todo o país, e a sua situação geopolítica única difere de outras regiões na formação do O mapa político da Ásia Central mudou, especialmente desde a independência. Com a emergência de jovens Estados independentes, as grandes potências mundiais, países muçulmanos vizinhos, desenvolveram os seus próprios interesses e visões geopolíticas sobre a região. Este país, como H. Mackinder descreveu, é o coração da Eurásia - "Heartland". Nos últimos anos, a região tornou-se um íman para as potências estrangeiras, tornando-se um campo de batalha não só para o petróleo e gás e outros recursos, mas também tão grande como a Rússia e os Estados Unidos no século XIX. Os principais factores geopolíticos são:
- Localização geográfica da zona
- Recursos naturais e minerais, especialmente energia
- Amplo mercado de consumo, mão-de-obra relativamente qualificada e barata
- Potencial recreativo
- Assegurar a participação política e militar
- A região está a caminho da transição para o Afeganistão, Irão, o Cáucaso.
As fases seguintes podem ser distinguidas na composição do mapa político da Ásia Central ao longo dos próximos dois séculos.

A primeira etapa. Cobre o período anterior à ocupação russa da Ásia Central. Nesta fase, o país tinha três estados principais - o Kokand Khanate, o Khiva Khanate e o Emirato de Bukhara.

A segunda etapa. O período colonial inclui. Nesta fase, a Ásia Central fazia parte do Governador-Geral do Turquestão.

A terceira etapa. Cobre um período muito curto (1917-1920 | 22). Nesta fase, três estados independentes emergiram no país; Kokand Autonomy, Bukhara e Khorezm Republics.

A quarta fase (1924-1991). Cinco repúblicas aliadas foram estabelecidas na Ásia Central (Uzbequistão, Cazaquistão, Turquemenistão, e Tajiquistão).

A quinta etapa. A começar em 1991. Nesta fase, devido à desintegração da antiga União Soviética, foram formados Estados aliados independentes: Uzbequistão, Cazaquistão, Tajiquistão, Turquemenistão e Quirguizistão.

A natureza dos estados da Ásia Central é extremamente diversificada, variando entre planícies, montanhas, desertos e semi-desertos. Existem cristas na região, tais como os Pamirs, Alay, Tien Shan. Há muitos picos dos países da CEI, como Ismail Somoni, Galaba, Khantangri, com uma altura superior a 7000 m. Há também muitas terras baixas e depressões na Ásia Central.

O sedimento mais baixo da Ásia Central é Karagiya (Botir), que está localizado -132 m abaixo do nível do mar. Grandes glaciares também se encontram nas montanhas. De particular importância são os glaciares Fedchenko e Inelchek. Muitos rios começam a partir dos glaciares nas montanhas. As zonas montanhosas e de sopé da região são caracterizadas pela sua actividade sísmica (sismo de Andijan de 1902, Ashgabat-1948, Tashkent 1968, etc.).

Na parte ocidental e setentrional da Ásia Central, existe o Mar Cáspio e a planície turca, a maior parte dos quais é ocupada pelos desertos de Karakum e Kyzylkum. O clima da região é fortemente continental, com dias frios que duram 200-240 dias. A duração da estação de crescimento e as altas temperaturas do ar permitem o cultivo de algodão de fibra fina no sul e o amadurecimento precoce do algodão no norte.

O algodão é uma das culturas mais antigas dos povos da Ásia Central. A precipitação varia de 50 mm no deserto a 300-400 mm nas montanhas. Em alguns lugares, é de 700-800 mm. Os rios da região são, na sua maioria, pouco profundos e correm para uma bacia fechada. Os rios utilizados para irrigação são Amudarya, Syrdarya, Tajan, Murgab, Chui e outros. As terras irrigadas são os vales destes rios.

Há escassez de água corrente em grande parte do país. Ao mesmo tempo, a região é rica em recursos hidroeléctricos, a segunda maior da CEI depois da Rússia em termos de recursos hidroeléctricos. O Tajiquistão e o Quirguizistão estão na liderança.

A estrutura geológica das montanhas e planícies da Ásia Central é mais complexa, com muitos minérios e minerais não nucleares. Os depósitos de petróleo encontram-se principalmente nas terras baixas do Mar Cáspio, nos vales da Fergana, Surkhandarya, Kashkadarya, nas bacias intermontíferas do Tajiquistão. Os principais depósitos estão localizados na parte ocidental do

Turquemenistão (Cheleken, Kumdog, Okarem), Cazaquistão (Jetiboy, Yangi Uzen, Uzen), Uzbequistão (Karavulbozor, Kokdumalak).

Figura 6. Mapa de Relevo da Ásia Central

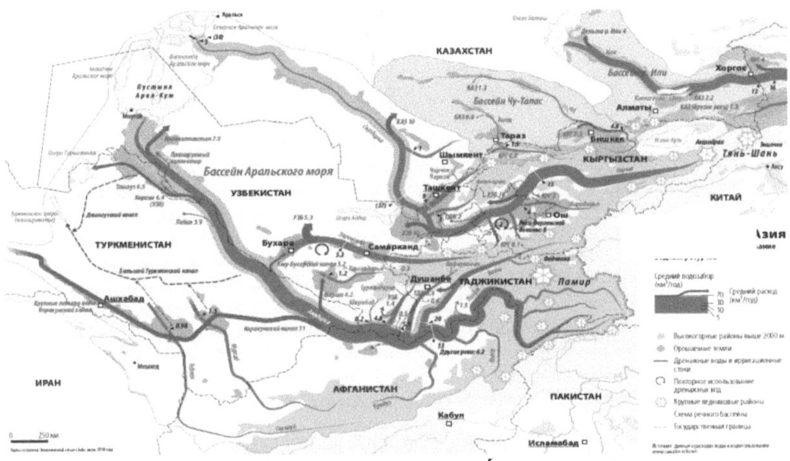
Figura 7. Mapa dos rios da Ásia Central

As reservas de petróleo no Quirguizistão e Tajiquistão são relativamente pequenas. Há muitos campos de gás no Turquemenistão, Uzbequistão e Cazaquistão. Foram descobertos campos de gás em quase todas as regiões do Turquemenistão (excepto Tashkent). O Cazaquistão tem grandes campos de gás, principalmente na costa do Mar Cáspio, e nas regiões de Bukhara e Caxemira do Uzbequistão. O Turquemenistão é o segundo maior produtor de gás na CEI, depois da Rússia. O carvão é encontrado no Cazaquistão, Uzbequistão e Quirguizistão. As bacias carboníferas de Karaganda, Ekibastuz e Turgai são as maiores do Cazaquistão.

O depósito de carvão de Angren no Uzbequistão, os depósitos de nogueiras Tash-Kumyr e Kok-Kok no Quirguizistão são também importantes. Além disso, muitos metais não ferrosos encontram-se na região. O Cazaquistão tem um lugar especial em termos de minérios metálicos não-ferrosos. Os maiores depósitos de cobre são Jezkazgan, Kungrad, Bozshakal e outros. Minérios polimetálicos As matérias-primas de alumínio foram encontradas em Altai e Kustanay. No Uzbequistão, depósitos de cobre são encontrados em Almalyk, depósitos de ouro em Kyzylkum, tungsténio e molibdénio em Almalyk. O Quirguizistão é um dos principais produtores de mercúrio e chumbo. Encontram-se metais ferrosos na Ásia Central, principalmente nas montanhas Mugojar, no noroeste do Cazaquistão. O Cazaquistão é o terceiro maior produtor de minério de ferro na CEI, depois da Rússia e da Ucrânia.

Quadro 1. Dados sobre reservas provadas de petróleo e gás, produção e consumo

País nome	gordura total aprovada reservas	gordura produção	gordura consumo	natural comprovado Reservas de gás	gás natural produção	gás natural consumo
Cazaquistão	30	1835	311	1.1	27.1	16.3
Uzbequistão	0.6	54	155	19.5	62.0	28.4
Turque-menistão	0.6	258	71	12	53.4	41.6

Quadro 2. Compra de gás pelo Grupo Gazprom na Ásia Central e no Azerbaijão, à custa de milhares de milhões de metros cúbicos

(BSM)	País nome	2013	2014	2015	2016	2017
Para entrega na Europa	Turquemenistão	10.9	11.0	3.1	-	-
	Uzbequistão	5.7	3.6	3.5	4.3	5.5
	Cazaquistão	11.9	10.9	12.9	12.7	13.8
	Azerbaijão	1.4	0.2	-	-	-
Para entrega no sul do Cazaquistão	Turkmaniston	0.3	-	-	-	-
	O'zbekiston	3.7	3.7	2.9	1.9	1.7
Para entrega no Quirguizistão	O'zbekiston	-	0.004	*	*	*
	Cazaquistão	-	0.06	0.2	0.2	0.3

*Nota: * = 0,05 e menos*

3-Tabela.

Rotatividade comercial da Rússia com a Ásia Central		Volume de negócios do comércio da China com a Ásia Central	
Ano	mln $	Ano	mln $
2000	6.472	2000	1.819
2010	21.497	2010	30.112
2014	29.983	2014	45.012
2017	22.860	2017	35.879

Quadro 4. Irão - Ásia Central Comércio Geral

Ano	Exportação, milhões de dólares AQSh	O'sish, %	Importação, milhões de dólares AQSh	O crescimento, %	Balança comercial, milhões de dólares AQSh	Volume de vendas, milhões de dólares AQSh
2009-2010	677	-	829	-	-152	1506
2010-2011	730	8	348	-58	382	1078
2011-2012	921	26	343	-1	578	1264
2012-2013	1281	39	439	28	842	1720
2013-2014	1460	14	325	-26	1135	1785
2014-2015	1542	6	362	11	1180	1904
2015-2016	1269	-18	143	-60	1126	1412
2016-2017	1120	-12	356	149	764	14

    A região é também rica em matérias-primas químicas. Grandes depósitos de fosforite foram descobertos em Jambul e Karatov no Cazaquistão e no Kyzylkum no Uzbequistão. Grandes depósitos de sais minerais foram descobertos nas terras baixas do Mar Cáspio e na região do Mar de Aral no Turquemenistão e no Cazaquistão.

    Os países da Ásia Central são também ricos em recursos recreativos. Muitos monumentos arquitectónicos antigos têm sido preservados aqui. Estes, por sua vez, requerem o desenvolvimento do turismo. Actualmente, existem muitos resorts nas encostas, rios, lagos e litorais.

O Tajiquistão é responsável por mais de 55% dos recursos hidroeléctricos da Ásia Central. Foi observado que a região é rica em outros recursos naturais, incluindo clima, terra, florestas, recursos recreativos, a sua distribuição quantitativa, localização geográfica, as características da localização geográfica da região. Em suma, as condições naturais da Ásia Central são diversas, com fortes contrastes. Do sul para o norte, de leste para oeste, esta diversidade torna-se mais pronunciada. Os recursos naturais também não se encontram uniformemente distribuídos e localizados na região.

Figura 8. Mapa turístico da Ásia Central

No final da primeira década do século XXI, foi formado um novo sistema de relações internacionais na Eurásia Central. Os novos Estados formados com base nas antigas repúblicas sindicais completaram a sua adesão à comunidade mundial e declararam-se sujeitos da geopolítica. Os novos Estados da Eurásia Central já definiram as suas geo-estratégias para as próximas décadas, tendo em conta os seus interesses nacionais. Nestes países houve uma ruptura com o modelo soviético de desenvolvimento, mas o processo de formação de um Estado nacional ainda está em curso.

Ao mesmo tempo, um novo subsistema de relações internacionais está a ser formado na Eurásia Central, no qual os Estados participantes - Tajiquistão, Rússia, Cazaquistão, Uzbequistão, Quirguistão, Afeganistão, Irão, Paquistão, Índia - são membros ou observadores da organização regional SCO. e podem desempenhar um papel importante no futuro. O Turquemenistão desempenha um papel importante no sistema de relações geopolíticas - um país neutro com ricos recursos energéticos e um importante potencial geoestratégico para a política mundial. Os principais actores mundiais, Rússia, China, Estados Unidos e União Europeia, são as componentes "nucleares" do novo sistema de relações internacionais, e são estes países que estão a influenciar seriamente os processos geopolíticos que aqui se desenrolam. Embora definam as principais orientações da política internacional, os actores regionais - os novos Estados da Eurásia Central, Irão, Turquia, Índia, Paquistão, Arábia Saudita e Japão - estão a influenciar cada vez mais os processos políticos na Eurásia Central.

Recentemente, a cooperação bilateral e reforçada no seio da SCO entre os centros de poder mais importantes da Eurásia - Rússia, China e Índia - está a criar uma realidade geopolítica qualitativamente nova no continente eurasiático. A Índia e o Paquistão, rivais de longa data, têm sido observadores da Organização de Cooperação de Xangai. Na Europa e América, não conseguem concentrar-se no reforço de um novo clube geopolítico no futuro que inclua quatro potências nucleares - Rússia, China, Índia e Paquistão, bem como o Irão, que tem um grande peso político na região. Na Cimeira do Jubileu de Xangai de 2006, a organização anunciou pela primeira vez o seu âmbito de interesses e compromissos. Isto indica o papel crescente da SCO no sistema de segurança global - o sistema de acordos sobre estabilidade. A SCO deu os primeiros passos para estabelecer cooperação com as estruturas de segurança global e regional existentes no continente euro-asiático, que aborda importantes questões de segurança do nosso tempo, incluindo a União Europeia - SCO-ASEAN, SCO-CIS, SCO-EurAsEC, SHHT-KXShT. Ao mesmo tempo, considerar um mecanismo apropriado para coordenar actividades, desenvolvendo abordagens comuns e abordagens para definir áreas de interesse e responsabilidade, bem como com as organizações de integração regional acima mencionadas e os Estados membros da SCO em formatos bilaterais e multilaterais. Toma em consideração as interacções existentes. Neste contexto, a assinatura dos Memorandos de Entendimento entre a SCO e a ASEAN, a SCO e a CEI em Abril de 2005 foi um passo positivo importante. Existem problemas na resolução dos problemas de cooperação entre a SCO e a CSTO. Este problema da CSTO, reconhecido pela sua liderança, é a divisão ambígua de responsabilidades na esfera político-militar entre as várias organizações de integração no espaço pós-soviético, em particular a própria CEI, a CSTO e a SCO. Ao mesmo tempo, o Centro Anti-Terrorista CIS tem um escritório de representação em Bishkek e a Estrutura Regional Anti-Terrorista da SCO em Tashkent. A CSTO e a SCO têm as mesmas questões de segurança regional na Ásia Central. No entanto, a composição da CSTO e da EurAsEC é quase a mesma, o que leva a uma aproximação entre as duas organizações. Mas as metas e objectivos destas organizações são diferentes. A CSTO apela à reflexão sobre as ameaças militares no âmbito das suas obrigações.

A actual situação geopolítica na Eurásia Central é determinada pelos seguintes factores: o crescimento do poder económico do Cazaquistão, o início da exportação de capital cazaque para países da Eurásia Central e, consequentemente, o crescente peso político nas relações regionais, problemas geopolíticos não resolvidos. As relações entre o Tajiquistão e o Usbequistão, a competição entre forças regionais e extra-regionais pelos recursos energéticos do Turquemenistão, a crise sistémica no Quirguizistão, a difícil situação socioeconómica no Tajiquistão, o problema demográfico do Vale de Fergana, a elevada migração externa da população capaz, é a escalada do conflito afegão.

Para além de factores internos, factores externos também desempenham um papel importante na transformação política dos Estados da Ásia Central e na formação dos seus sistemas de segurança. A análise das acções das forças dirigentes na Eurásia Central na presente fase mostra que cada uma delas tem a sua própria opinião sobre as formas e meios de realizar os seus interesses nacionais. Em geral, os interesses nacionais da Rússia na Eurásia Central podem ser reduzidos ao seguinte:

- Garantia de estabilidade através de parceria com todos os países da região;

- Usar o seu potencial geopolítico para enfrentar os desafios práticos e de estatuto da Rússia como potência global e regional;

- Reconhecimento internacional do papel de liderança da Rússia na região.

A este respeito, a Rússia enfrenta as seguintes tarefas práticas: utilização eficaz dos mecanismos multilaterais existentes, equipamento das fronteiras do sul, desenvolvimento e promoção da cooperação militar, utilização da energia e dos recursos naturais da Eurásia Central, promoção das empresas energéticas russas no seu mercado, o desejo dos países da região de utilizar a estrutura de exportação russa, etc.

O projecto russo "pós-soviético" visa transformar as antigas relações aliadas do RSFSR com as repúblicas da Ásia Central em relações interestatais com base no direito internacional, criando um novo modelo de relações internacionais na região, incluindo o ajustamento do curso dos EUA sobre os laços regionais. como um dos factores. A Rússia está agora a seguir uma abordagem pragmática e equilibrada, baseada no reforço da cooperação económica e na superação conjunta de novas ameaças à segurança.

De acordo com alguns analistas, a Rússia está a perder influência na Ásia Central pós-soviética, embora todos os Estados da Ásia Central pós-soviética estejam efectivamente a cooperar em organizações de integração iniciadas pela Rússia (CEI, EurAsEC, CSTO). Os problemas existentes nas relações bilaterais não são de importância estratégica e têm sido resolvidos a nível diplomático. Há um desejo de criar um novo modelo de relações em que os interesses das partes na relação sejam tidos em conta de forma relativamente igualitária. No entanto, não existe uma estratégia clara de política externa na Ásia Central, dadas as novas realidades geopolíticas.

Outro actor influente na região da Eurásia Central, a China adopta uma abordagem estratégica pragmática com cautela inerente à sua política, uma vez que os problemas subjacentes à sua política externa se situam na Ásia Oriental. Além disso, a China não articula claramente os seus interesses estratégicos na Eurásia Central. No entanto, os interesses da China na região estão claramente definidos:

— luta contra o terrorismo, separatismo e extremismo;

— garantir a segurança nas zonas fronteiriças;

— manter a estabilidade na região;

— Estimulação do desenvolvimento económico;
— Assegurar relações amigáveis entre os países da região e a China;
— prevenção do domínio monopolista sobre a Ásia Central por países hostis à China;
— Prevenir a formação de alianças militares contra a China na região;
— Assegurar a abertura dos recursos energéticos da China na região.

Hoje, a China é muito mais activa do que nos anos 90, participando na cooperação política e económica com os países da Eurásia Central, no âmbito da SCO e sempre num formato bilateral, tendo em conta os interesses do seu parceiro estratégico - a Rússia. A cooperação com a Rússia no CenterYevAz é também importante para a China, incluindo a política dos EUA na região. Se no final do século XX, a Eurásia Central desempenhou um papel importante em termos de segurança em Xinjiang, e no século XXI, os interesses da China na região da Eurásia Central tornaram-se vitais para a realização dos interesses energéticos e de recursos. Os interesses estratégicos da China estão encarregados de proporcionar segurança económica aos novos Estados da Eurásia Central, pelo menos até meados do século XXI.

Um dos principais participantes estrangeiros na Eurásia Central são os Estados Unidos. Um novo elemento da estratégia americana moderna para a Ásia Central é o projecto de criar uma estrutura de segurança regional fechada dos EUA numa região reorganizada e "expandida" na Ásia Central (Grande Ásia Central). Sob as instruções do cientista político americano Frederick Starr, surgiu a categoria da Grande Ásia Central - os territórios dos novos estados independentes, Afeganistão, Paquistão, onde a Greater Central Asia Cooperation and Development Organization (PBCA) deveria ser estabelecida.

De acordo com os Estados Unidos, no futuro a parceria deverá envolver a Índia, a Turquia, o que significa que esta integração irá além das fronteiras geográficas da Ásia Central. Aparentemente, os Estados Unidos estão a tentar criar uma alternativa económica e política a estruturas como a SCO e a EurAsEC. Espera-se que a Rússia e a China, os principais rivais dos Estados Unidos, sejam excluídos do processo regional por não satisfazerem os critérios das democracias. Mas o geoconceito da Grande Ásia Central é necessário para que os Estados Unidos possam gerir todos os processos económicos e políticos na região sem a intervenção da Rússia e da China. A nova estrutura geopolítica da Ásia Central poderia servir para reforçar o papel de liderança dos Estados Unidos a uma escala regional e global.

Muitos analistas da Ásia Central acreditam que o geoconceito BCA não é um objecto de geopolítica na região no início do século XXI, mas que o geoconceito BCA não é um objecto de geopolítica. visto como uma abordagem. projectos de modernização regional. Na nossa opinião, as questões económicas e políticas acima referidas já estão a ser consideradas pelos Estados membros e observadores da SCO. O projecto da Grande Ásia Central, que procura prosseguir os interesses geopolíticos dos EUA, ainda não é apoiado entre os Estados da Ásia

Central que estão efectivamente integrados na Organização de Cooperação de Xangai e na EurAsEC.

As prioridades estratégicas da UE para a Ásia Central podem ser descritas como "prudentes", principalmente devido ao facto de a UE ser mais propensa a problemas e mudanças na Europa. Em geral, os interesses geopolíticos da UE na região da Ásia Central não são tão fortes como os dos Estados Unidos, mas nos últimos anos os europeus têm-se tornado cada vez mais interessados e envolvidos em assuntos regionais.

Em meados de 2007, foram adoptadas novas perspectivas conceptuais sobre a política da UE na Ásia Central, sob a forma de uma nova Estratégia de Parceria para 2007-2013. A nova estratégia de parceria é uma proposta abrangente que vai amplamente ao encontro dos interesses dos Estados da Ásia Central. O apoio à segurança é uma das principais prioridades da UE na região. A questão da segurança requer uma estreita cooperação entre a União Europeia e o Tajiquistão, dada a sua proximidade com o instável Afeganistão, Paquistão e o perturbado Irão. Desde a adopção do novo conceito de acção da UE na região da Ásia Central, têm-se registado mudanças positivas nas relações entre os Estados da Eurásia Central e a UE, tanto nas formas multilaterais como bilaterais.

Por exemplo, a União Europeia e o Tajiquistão estão a implementar projectos para desenvolver um sistema moderno de gestão de fronteiras, garantir a segurança ambiental, financiar projectos de infra-estruturas relacionados com os recursos hídricos, desenvolver a cultura e outros. Nas relações bilaterais, foi dada especial atenção não só aos aspectos político-militares, mas também à segurança económica, social e ambiental. Uma componente importante das relações entre o Tajiquistão e a União Europeia é a luta contra as ameaças existentes, incluindo o terrorismo, o crime organizado, a migração descontrolada, o tráfico de droga e a proliferação de armas de destruição maciça.

A nível político no domínio da segurança, a importância das relações da UE com a região é determinada pelo facto de todos os novos Estados da Ásia Central serem membros da OSCE. Assim, o mais interessante a nível regional é o projecto de "integração" da UE, baseado no desejo de criar um espaço único integrado na Ásia Central. Para este fim, a União Europeia está a tomar medidas concretas sob a forma de projectos regionais destinados a consolidar os esforços dos Estados da Ásia Central para garantir a sua própria segurança.

O papel da UE no processo político na Eurásia Central está a crescer, e a UE está a utilizar o potencial dos acordos de parceria e cooperação, programas da Comissão Europeia e dos estados membros da UE e mecanismos de cooperação para reforçar a cooperação com os países da Ásia Central.

Nas realidades geopolíticas da Ásia Central, os projectos de integração dos mundos túrquico, iraniano e islâmico são aqui constantemente actualizados. Em geral, os Estados da Ásia Central ainda não estão prontos para a integração da Ásia Central, uma vez que os Estados-nação não estão prontos para a plena integração desde a sua infância, e os conflitos interestatais permanecem devido a questões etnopolíticas não resolvidas. Além disso, o interesse dos grandes países pelos recursos regionais leva a uma maior concorrência, o que se reflecte claramente nos modelos de integração propostos. Ao mesmo tempo, a presença de actores não regionais na Ásia Central, a cooperação de novas estruturas no seio de organizações internacionais ajudará a reduzir as tensões nas relações interestatais e a manter o equilíbrio de poder na região.

Para cada um dos modelos de integração acima referidos, existem certas forças geopolíticas e tentativas de implementar esquemas estratégicos de construção de um sistema de relações internacionais no século XXI. Se nos anos 90 os modelos de integração cobriam principalmente os países pós-soviéticos da região, existe agora um desejo crescente de reforçar a integridade geopolítica da Ásia Central, como exemplificado pela SCO, que inclui todos os países da região como membros e observadores.

É uma plataforma da Organização de Cooperação de Xangai, que permite aos seus membros e observadores consolidar posições sobre muitas questões internacionais e mitigar os conflitos existentes entre membros e observadores. Este modelo de integração da Ásia Central é o mais promissor, embora a OCS tenha muitos problemas, mas mais importante, não desenvolver mecanismos para a implementação de projectos adoptados, sobretudo não desenvolver critérios para a admissão de novos membros, a médio e longo prazo A falta de perspectivas de desenvolvimento a longo prazo é um dos factores que influenciam os futuros processos geopolíticos na Ásia. Este é um vector asiático, possivelmente uma área de responsabilidade para assegurar e manter a estabilidade. Ao mesmo tempo, a integração euro-asiática no espaço pós-soviético é o mais promissor para o reforço da segurança nacional dos novos Estados devido aos laços que existiram no século passado. O reforço das actividades da Comunidade Económica Eurasiática e no interesse nacional dos novos Estados.

Ao mesmo tempo, encontra-se actualmente sob a grave influência de factores geopolíticos que podem dificultar a realização dos interesses nacionais dos Estados da região da Eurásia Central. Problemas de utilização da água e rios transfronteiriços, fornecimento de energia, sistemas de transporte e comunicação dos países, utilização do potencial de trânsito dos Estados, resolução de questões fronteiriças nas relações entre países vizinhos, diferenças no nível de desenvolvimento económico e relações económicas da região, alfândegas Questões actuais relacionadas com restrições, vistos e fronteiras.

Desafios - Os eventos que têm o potencial de afectar e desestabilizar a situação geopolítica na Eurásia Central no final da primeira década do século XXI podem ser divididos em quatro grupos:

- Problemas relacionados com extremismo, terrorismo, separatismo, tráfico de droga;
- Problemas relacionados com conflitos internacionais, interestatais e regionais;
- Problemas relacionados com a posição geopolítica, recursos naturais, problemas étnicos e territoriais da região
- Problemas relacionados com o baixo nível de vida e desenvolvimento tecnológico na região, migração, problemas demográficos e ambientais.

Em termos desta classificação das ameaças à segurança regional, os seguintes processos conflituosos, que se arrastam há décadas mas que se estão a intensificar, são os mais preocupantes. Embora a coligação internacional e a OTAN tenham dado algumas contribuições para a aniquilação militar dos Talibãs e para o desenvolvimento do Afeganistão, até agora não conseguiram alterar radicalmente a difícil situação no país. O Afeganistão já se tornou um centro de terrorismo internacional, extremismo religioso, crime organizado, contrabando de droga, contrabando de armas, migração ilegal. A escalada dos problemas etno-políticos dá um novo ímpeto ao conflito afegão. De facto, há um choque de muitas elites étnicas no Afeganistão, complicado por factores étnicos e confessionais, especialmente a interferência externa. De facto, há uma guerra civil no Afeganistão, na qual tropas estrangeiras de 41 países estão a actuar ao lado do governo. Foram estabelecidas 28 bases militares estrangeiras no país. A militarização deste país, os problemas etnopolíticos existentes (inter-étnicos, fronteiriços, o problema dos grupos étnicos divididos), o potencial de conflito, as forças destrutivas aqui reunidas tornaram-se uma ameaça não só para a segurança regional mas também global.

Questões étnicas e políticas no Vale de Fergana, incluindo os interesses do Tajiquistão, Quirguistão e Uzbequistão na distribuição de recursos hídricos e energéticos, regulação de fronteiras, a influência do Islão, a escalada das relações interétnicas e inter-étnicas, tráfico de droga, migração ilegal, crime organizado, corrupção e problemas demográficos. Os problemas acima mencionados relacionados com a principal pobreza da população juntamente com o factor afegão criam um importante centro de conflito que destrói a estabilidade da Eurásia Central. A análise da situação no Vale de Fergana, deve ser considerada uma ameaça à paz em toda a região da Eurásia Central. Ao mesmo tempo, o "triângulo" Tajiquistão-Uzbequistão-Kirguizistão mantém o conflito interno, e é evidente que vários conflitos locais em grande escala e persistentes são de importância estratégica, o que os determina como factores independentes para o desenvolvimento regional num futuro próximo. pode.

A rivalidade entre os principais interesses geopolíticos e geoeconómicos da região, a luta pelos recursos energéticos e o controlo dos meios de comunicação na região criará novas condições para fazer da Eurásia Central um dos cantos da crise política mundial nos próximos anos. para além das ameaças, poderá constituir uma ameaça à segurança nacional dos novos Estados.

Questões de controlo:

1. Descrever a localização geográfica natural da Ásia Central?
2. Nomear as indústrias mais desenvolvidas da Ásia Central?
3. Nomear os maiores depósitos de carvão, petróleo, gás e minério da Ásia Central?
4. Que transportes desempenham um papel de liderança na economia da Ásia Central?
5. Que tipo de HICHM foi formado na Ásia Central?

República do Uzbequistão

Plano:

1. Localização geográfica natural e económica e fronteiras do Uzbequistão.
2. Condições e recursos naturais do Uzbequistão.
3. A economia do Uzbequistão e a sua descrição geral.

A República do Uzbequistão foi criada como Estado independente a 1 de Setembro de 1991. Cobre uma área de 448,9 mil quilómetros quadrados e tem uma população de 33,9 milhões de habitantes até 2020. Olhando para trás, em 1960 havia 8,6 milhões de pessoas no Uzbequistão. Prevê-se que a população do Uzbequistão em 2021 será de cerca de 34,74 milhões. A parte da população urbana era de 17,1 milhões (50,5% do total), a população rural - 16,7 milhões (49,5%). A maior população foi registada em Samarkand (11,4%) (Fergana - 11,1%, Kashkadarya - 9,7% e região de Andijan - 9,2%). O número de visitantes permanentes ao Uzbequistão foi de 2.527 pessoas, das quais 33,3% - Cazaquistão, 23,3% - Rússia, 21,4% - Tajiquistão, 12,1% - Quirguizistão e 10% - outros. de países. 13,2 mil pessoas deixaram o Uzbequistão para residência permanente, das quais 57,5% para o Cazaquistão, 37,7% para a Rússia, 0,8% para os Estados Unidos, 0,7% para Israel e 3,3% para outros países.

Administrativamente, a República de Karakalpakstan é constituída por 12 regiões e a cidade de Tashkent: As regiões de Andijan, Bukhara, Jizzakh, Navoi, Namangan, Samarkand, Syrdarya, Surkhandarya, Tashkent, Fergana, Khorezm e Kashkadarya. A capital da república é Tashkent. O Uzbequistão tem um lugar especial na comunidade mundial e no mapa político. É um dos mais de 190 países actualmente membros das Nações Unidas. A República do Uzbequistão aderiu às Nações Unidas em 2 de Março de 1992. O nosso país está situado quase entre a Eurásia e a Ásia Central. O comprimento total das fronteiras estatais é de 6221 km, dos quais 2203 km ou 1/3 para a República do Cazaquistão, 1721 (1621) km para o Turquemenistão, 1161 km para o Tajiquistão, 1069 (1099) km para o Quirguizistão e 137 km para a República do Afeganistão. O território da República estende-se por 1425 km de oeste a leste e 930 km de norte a sul. O ponto mais alto é o pico Hazrati Sultan (cume de Gissar) - 4643 m acima do nível do mar, o ponto mais baixo é o sedimento Mingbulak (deserto de Kyzylkum) - menos 12 m. O ponto mais a norte do país situa-se na parte do planalto de Ustyurt adjacente ao Mar de Aral, 450 36I sq.m, a ponta sul fica perto da cidade de Termez - 730 10I sq.m., a ponta oeste fica em Ustyurt - 560 00I sq.m. e a ponta leste fica na periferia da região de Andijan, a 730 10I shq. localizada a uma distância. A característica mais importante da localização geográfica natural, económica e política do Uzbequistão é que se encontra longe dos oceanos do mundo, dentro do continente eurasiático. Tal localização geográfica afecta não só a formação do clima do país, mas também o seu desenvolvimento socioeconómico e geopolítico. Esta é uma das leis geográficas gerais.

9-imagens. Mapa administrativo e político do Uzbequistão

Em primeiro lugar, é de notar que a localização geográfica "central" do território do Uzbequistão no passado, especialmente na Grande Rota da Seda de importância internacional, desempenhou um papel importante no seu desenvolvimento como um dos principais elos de ligação conquistados A influência do nosso país no desenvolvimento da cultura, ciência e economia mundiais foi elevada durante este período. Na situação actual, na fase da "Civilização Oceânica", o facto de a república estar localizada em terra cria algumas dificuldades. Aqui a característica histórica (variabilidade) da localização geográfica económica é reflectida.

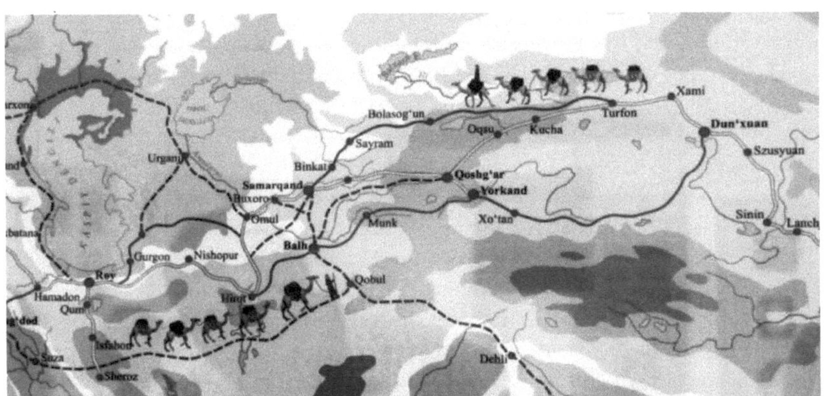

Figura 10. Mapa do Uzbequistão da Grande Rota da Seda

A localização geográfica económica é um conjunto de elementos geográficos (montanha, rio, mar, cidade, estado, recursos minerais, etc.) situados fora de um determinado lugar (país, região, cidade, etc.). b.) significa o impacto no desenvolvimento socioeconómico, político e cultural do lugar. Este efeito muda com o tempo, e um lugar confortável pode ser desconfortável e vice-versa. A lei geográfica económica básica aqui é que cada lugar se esforça por facilitar a sua OIG, para aumentar a sua competitividade. A localização geográfica económica é o conceito (fundamental) mais importante da geografia económica e social, juntamente com a divisão regional do trabalho, zoneamento económico e complexos territoriais. É também o método básico e significativo de investigação desta ciência; a localização geográfica económica é uma "chave" única para a geografia económica. Embora a República do Uzbequistão esteja relativamente mais próxima do Oceano Índico do que o Oceano Árctico, geopoliticamente está mais "aberta" ao norte. É limitada por zonas montanhosas no sul e sudeste (o que determina as principais características geográficas naturais do nosso país), e a sua vizinhança com países que não são politicamente estáveis (especialmente a República do Afeganistão) é agora relativamente curta e próxima. Não cria facilidades de acesso aos portos do Oceano Índico.

Em geral, existem as seguintes direcções principais possíveis no desenvolvimento do acesso do nosso país ao oceano mundial e às relações económicas internacionais:

- para os portos do Árctico e do Pacífico da Federação Russa através do Cazaquistão;

- através do Turquemenistão e do Cáucaso até ao Mar Negro e depois até ao Oceano Mediterrâneo-Atlântico;

- para o Oceano Índico através do Afeganistão, Paquistão ou Irão;

- via Turquemenistão, Irão e Turquia para Istambul, o Mediterrâneo e mais além, para o Oceano Atlântico;

- Para o Oceano Pacífico através do Quirguizistão e da República Popular da China.

O acesso às rotas ou corredores de transporte acima referidos não é o mesmo. Actualmente, o principal é a República do Cazaquistão e a Federação Russa. O resto, por várias razões, é insignificante ou insignificante. Em particular, a implementação do projecto do leste ou Traceca, a reconstrução da Grande Rota da Seda e o lançamento da rota do sul seriam de grande importância para o desenvolvimento do nosso país.

A posição da República do Uzbequistão no mapa mundial reflecte a sua localização macrogeográfica, e a localização do nosso país na CEI e na Ásia Central reflecte a sua localização mesogeográfica. A região da Ásia Central (não confundir este conceito com a tradicional "Ásia Central" no campo da geografia natural) tem uma posição geoestratégica muito importante de uma perspectiva global. Em particular, a presença de grandes reservas de combustível e energia (carvão, petróleo, gás natural, urânio) é de grande interesse para os principais países do mundo - os Estados Unidos, a União Europeia e o Japão. Além disso, o rápido desenvolvimento económico da região nos últimos anos tornou-se extremamente importante do ponto de vista geopolítico e geoeconómico. Assim, o papel da República do Uzbequistão em relação aos Estados da Ásia Central afecta as suas oportunidades e direcções de desenvolvimento socioeconómico, político e cultural. A situação geográfica exige o desenvolvimento de relações económicas mutuamente benéficas entre os países da região. A formação de um espaço geopolítico e geoeconómico único irá reforçar ainda mais a posição da região da Ásia Central na comunidade mundial e aumentar a sua eficácia.

O Uzbequistão situa-se acima da média mundial em termos de área ou potencial geográfico puro. Uma média de 5,5 milhões de pessoas vivem em cada país da Terra. área de km2 e 26 milhões de habitantes. Em termos de área, o nosso país tem aproximadamente a dimensão da Suécia, Iraque ou Marrocos, e em termos de potencial demográfico, encontra-se entre os países como a Arábia Saudita, Nepal, Peru, Venezuela, Malásia e ocupa a 41ª posição na comunidade mundial. A estrutura geopolítica e a integridade de cada país é formada com base nas suas partes administrativas-territoriais internas, os sujeitos da governação regional. A vida sócio-económica da república realiza-se através do sistema de organização e gestão territorial. Tal sistema é hierárquico e consiste em províncias, distritos, províncias e cidades da república, distritos rurais, assembleias rurais e mahallas.

Quadro 5. Divisão administrativo-territorial da República do Uzbequistão (a partir de 2020)

A República de Karakalpakstan		Região de Andijan	
A capital é Nukus Área - 166,59 mil metros quadrados. km População - 1 903,9 mil pessoas. (2020)		Centro - Andijan Área - 4,3 mil metros quadrados. km. População - 3 139,8 mil pessoas. (2020)	
Nome do distrito	O centro administrativo do distrito	Nome do distrito	O centro administrativo do distrito
Amudaryo	Cidade de Mangit	Andijon	Queima
Beruniy	Cidade de Beruni	Oltinkol	Oltinkol
Lago Sangrento	Lago Sangrento	Asaka	Cidade de Asaka
Blackberry	A cidade de Karaozak	Pescador	Pescador
Kegeyli	Kegeyli	Cinzento	Cinzento
Chamada	A cidade de Kungrad	Primavera	Primavera
Pescoço	A cidade de Muynak	Jalalquduq	Oxunboboev
Nukus	Oqmang'it	Izboskan	Poytug '
Taxiatosh	Taxiatosh	Qurghonteppa	Qurghonteppa
Ponte de madeira	Ponte de madeira	Por favor	Por favor
Turtkul	A cidade de Turtkul	Paxtaobod	cidade de Pakhtaabad
O chefe	A cidade de Khojaly	Óptimo	Ouro branco
Chimboy	Cidade de Chimbay	Khojaabad	Cidade de Khojaabad
Shumanay	Cidade de Shumanay	Shahrixon	Cidade de Shahrihan
Ellikqal'a	Cidade de Boston	Nome do distrito	

Cidades republicanas: Cidades do Distrito de Nukus: Beruni, Kungrad, Takhiatash, Turtkul, Chimbay, Boston, Mangit, Moynak, Khalkabad, Shumanay.		Cidades da região: Andijan, Khanabad Cidades subordinadas do distrito: Asaka, Jalakuduk (antiga Akhunboboev), Karasu, Kurgantepa, Markhamat, Paytug, Pakhtaabad, Khojaabad, Shahrikhan.	
Região de Bukhara Região de Jizzakh		**Região de Jizzakh**	
O centro é a cidade de Bukhara Área - 40,22 mil metros quadrados. km. A população é de 1.929,1 mil pessoas. (2020)		O centro é a cidade de Jizzakh Área - 21,21 mil km2. A população é de 1.388,5 mil pessoas. (2020)	
Nome do distrito	O centro administrativo do distrito	Nome do distrito	O centro administrativo do distrito
Olot	Alat city	Arnasoy	Vencedores
Buxoro	A cidade de Galáxia	Bakhmal	Usmat
Vobkent	Cidade de Vobkent	G'allaorol	Cidade de Gallaorol
G'ijduvon	Cidade de Gijduvan	Amizade	Cidade da Amizade
Jondor	Jondor	Zomin	Zomin
Kogon	A cidade de Kagan	Zarbdor	Zarbdor
Karakul	Cidade de Karakol	Zafarobod	Zafarobod
Sentinela	A cidade de Karavulbozor	Mirzacho'l	Cidade de Gagarin
Peshku	Yangibozor	Paxtakor	cidade de Pakhtakor
Romano	Cidade Romana	Forish	Do jardim
Shofirkon	Cidade de Shafirkan	Sharof Rashidov	Uchepa
		(anteriormente Jizzakh)	Alto
Viloyatga bo'ysunuvchi shaharlar: Buxoro, Kogon. Tumanga bo'ysunuvchi shaharlar: Olot, Vobkent, Gazli, Galaosiya, G'ijduvon, Qorako'l, Qorovulbozor, Romitan, Shafirkan.		Viloyatga bo'ysunuvchi shaharlar: Jizzax. Tumanga bo'ysunuvchi shaharlar: Gagarin, G'allaorol, Dashtoobod, Do'stlik, Marjonbuloq, Paxtakor.	
Região de Kashkadarya		**Região de Samarkand**	
O centro é a cidade de Karshi Área - 28,57 mil metros quadrados. km. População - 3 293,6 mil pessoas. (2020)		O centro é a cidade de Samarkand Área - 16,77 mil metros quadrados. km. População - 3 892,5 mil pessoas. (2020)	
Nome do distrito	O centro administrativo do distrito	Nome do distrito	O centro administrativo do distrito
G'uzor	Cidade de Guzar	Aqdaryo	Loyish
Dehqonobod	Aldeia de Karashina	Bulung'ur	Cidade de Bulungur
Kamashi	A cidade de Kamashi	Jomboy	Cidade de Jambay
Contra	Cidade de Beshkent	Apetite	Cidade de Ishtihan

Dinheiro	A cidade de Kasan	Kattakurgan	Quinta-feira
emprego	Mughal village	Duplo	Aldeia de Qoshrabat
Livro	Cidade do Livro	Narpay	Cidade de Aktash
Mirishkor	Aldeia New-Mirishkor	Nurobod	Cidade de Nurabad
Parabéns	Cidade abençoada	Payariq	Cidade de Payariq
Alvo	Nova cidade alvo	Pastdargom	Cidade de sexta-feira
A lâmpada	Cidade das Luzes	Algodão	Ziyovuddin
Shahrisabz	Cidade de Shahrisabz	Samarkand	Aldeia de Gulobod
Yakkabog	Cidade de Yakkabog	Tayloq	Tayloq
		Urgut	Cidade de Urgut
Cidades da região: Karshi, Shahrisabz. Cidades do distrito: Beshkent, Guzar, Kamashi, Va Kasan, Kitab, Mubarek, Tallimarjan, Chirakchi, Yakabog, Yangi-Nishan.		Cidades da região: Kattakurgan, Samarkand. Cidades do distrito: Aktash, Bulungur, Jambay, Juma, Ishtikhan, Payarik, Nurabad, Urgut, Chelek.	

Região Navoi		**Região de Namangan**	
O centro é a cidade de Navoi Área - 112,1 mil metros quadrados. km. População - 1000,6 mil pessoas. (2020)		O centro é a cidade de Namangan Área - 7,44 mil metros quadrados. km. População - 2 821,9 mil pessoas. (2020)	
Nome do distrito	O centro administrativo do distrito	Nome do distrito	O centro administrativo do distrito
Konimex	Konimex	Dinheiro	Cidade de Kosonsoy
Karmana	Karmana	Mingbuloq	Jo'masho'y
Qiziltepa	Cidade de Kyzyltepa	Namangan	Tashbuloq
Navbahor	Baixa aldeia Beshrabot	Norin	Cidade de Haqqulobod
Nurota	Vila de Nurata	Pop	Cidade pop
Tomdi	Tomdibulok aldeia	Turakurgan	A cidade de Turakurgan
Uchkuduk	Cidade de Uchkuduk	Início	Início
Hatirchi	Cidade de Yangiabad	Uchkurgan	Cidade de Uchkurgan
Cidades da região: Gozgan, Zarafshan, Navoi Cidades do distrito: Kyzyltepa, Nurata, Uchkuduk, Yangirabat		Chartak	Chartak
		Chust	Chust
		Yangikurgan	Yangikurgan
		Cidades da região: Namangan Cidades do distrito: Kosonsoy, Pop, Turakurgan, Uchkurgan, Haqqulobod, Chartak, Chust.	
Região de Surkhandarya		**Região de Tashkent**	

O centro é Termez Área - 20,1 mil metros quadrados. km. A população é de 2.640,6 mil pessoas. (2020)		O centro é a cidade de Tashkent Área - 15,25 mil metros quadrados. km. População - 2 906,9 mil pessoas. (A partir de 2020 sem Tashkent)	
Nome do distrito	O centro administrativo do distrito	Nome do distrito	Tumanining ma'muriy markazi
Oltinsoy	Aldeia de Qarluq	Cidade de Akkurgan	Cidade de Ahangaron
Angor	Angor	Zafar	Cidade Gazalkent
Boysun	Cidade de Boysun	A cidade de Boka	Eshonguzar
Denov	Cidade de Denau	Qibray	Cidade de Dustanabad
Jarqorgon	Cidade de Jarqurghon	Cidade de Parkent	Cidade de Pskent
Kumkurgan	A cidade de Kumkurgan	A cidade de Keles	Cidade de Toytepa
Kyzylkum	Amarelo	Cidade chinesa	Yangibozor
Muzrabot	Aldeia Halkabad	Nova Estrada	Cidade de Ahangaron
Sariosiyo	Sariosiyo	Cidade de Akkurgan	Cidade Gazalkent
Termiz	A aldeia de Uchqizil	Zafar	Eshonguzar
Longo	Aldeia longa	A cidade de Boka	Cidade de Dustanabad
Sherobod	Cidade de Sherabad	Qibray	Cidade de Pskent
Salgado	Cidade de Shurchi	Cidade de Parkent	
Em 2010, o distrito de Bandikha foi abolido e o território foi transferido para o distrito de Qizirik. Em 2020, foi restabelecido através da alteração dos territórios dos distritos de Kyzylkum, Boysun, Kumkurgan.		Cidades subordinadas: Tashkent. Cidades da região: Almalyk, Angren, Ahangaron, Bekabad, Chirchik, Yangiyul Cidades do distrito: Akkurgan, Boka, Gazalkent, Dostonabad, Keles, Parkent, Pskent, Toytepa, Chinoz, Yangiabad.	
Cidades da região: Termez. Cidades subordinadas ao distrito: Boysun, Denau, Jarqurghon, Kumkurgan, Shargun, Sherabad, Shurchi.			

Região de Syrdarya		**Região de Khorezm**	
O centro é a cidade de Gulistan Área - 4,28 mil metros quadrados. km. População - 849,7 mil pessoas. (2020)		O centro é a cidade de Urgench Área - 6,05 mil metros quadrados. km. População - 1 872,2 mil pessoas. (2020)	
Nome do distrito	O centro administrativo do distrito	Nome do distrito	O centro administrativo do distrito
Oqoltin	Vila de Sardoba	Jardim	Aldeia de Bagat
Boyovut	Boyovut	Gurlan	Gurlan

Guliston	Dehqonobod	Ponte dupla	Ponte dupla
Mirzaobod	Aldeia de Navruz	Urgench	Aldeia de guarda
Sayxunobod	Sayxun	Xazorasp	Xazorasp
Sardoba	Paxtaobod	Xonqa	Xonqa
Sirdaryo	Cidade de Syrdarya	Khiva	Cidade de Khiva
Havos	Havos	Pistola	Pistola
		Novo fluxo	Novo fluxo
		Novo bazar	Novo bazar
Cidades da região: Gulistan, Shirin, Yangiyer. Cidades subordinadas ao distrito: Bakht, Syrdarya		Cidades da região: Urgench, Khiva Cidades sob o distrito: Pitnak.	

Região de Fergana
O centro é a cidade de Fergana Área - 6,76 mil metros quadrados. km. População - 3 766,0 mil pessoas. (2020)

Nome do distrito	Centro administrativo do distrito Nome do distrito Centro administrativo do distrito	Nome do distrito	O centro administrativo do distrito
Altiariq	Altiyarik Quva A cidade de Quva	Quva	Cidade de Kuva
Bagdad	Bagdad Sokh Langar aldeia	Sox	Aldeia de Langar
Beshariq	Besharik cidade Rishtan Rishtan cidade Rishtan	Rishton	Cidade de Rishtan
Buvayda	Aldeia Yangikurgan Koshtepa (antiga Akhunboboev)	Kushtepa	
Dangara	Dangara Ravan aldeia Toshloq	Ravan	Toshlok
Pedra	Cidade de Yaypan	Vodil	Yozyovon
Uzbequistão	Aldeia de Uchkuprik	Navbakhor	Fergana
Uchkuprik	Furqat	Yozyovon	
Cidades da região: Kokand, Quvasoy, Margilan, Fergana Cidades do distrito: Besharik, Quva, Rishtan, Hamza, Yaypan.			

Fonte: Dados da Comissão de Estatística do Estado da República do Uzbequistão.

A análise da densidade populacional da República do Uzbequistão mostrou que 74,1 pessoas por 1 km2, as áreas mais densamente povoadas são Andijan (713,2 pessoas por 1 km2), Fergana (544, 8 pessoas), Namangan (370,0 pessoas), região Navoi (8,8 pessoas) e a República de Karakalpakstan (11,2 pessoas).

De acordo com dados preliminares, em 2018, 30,3% da população permanente da República tem menos de idade para trabalhar, 59,5% tem idade para trabalhar e 10,2% é mais velha que a idade activa.

Quadro 6. Composição étnica do Uzbequistão (2018)

Nome da nação	População das nações
Uzbeques	26 mln. 300 mil pessoas (83% da população total)
Tajiks	1 mln. 300 mil pessoas
Cazaques	750.000 pessoas
Russos	770 mil pessoas
Karakalpaks	750.000 pessoas
Tatares	500 mil pessoas (de acordo com outras fontes - cerca de 700 mil)
Quirguizes	232 mil pessoas
Coreanos	178 mil pessoas
Turcomenos	152 mil pessoas
Ucranianos	105 mil pessoas
Arménios	42 mil pessoas
Azerbaijanos	36 mil pessoas
Persas	Cerca de 30 mil
Uyghurs	Cerca de 20 mil
Bielorrussos	Cerca de 20 mil
Tatares da Crimeia	Cerca de 10 mil (de acordo com outras fontes - cerca de 90 mil)
Judeus	cerca de 20 - 30 mil pessoas
Turcos	Cerca de 10 mil
Alemães	7,9 mil pessoas
Gregos	Menos de 10.000

A maioria da população é muçulmana hanafi (sunita), e parte da população é xiita. Há também ortodoxos, católicos, protestantes, luteranos, a Igreja Apostólica Arménia, as Testemunhas de Jeová, Baptistas, Adventistas do Sétimo Dia, cristãos coreanos, e outras denominações do cristianismo no país. O judaísmo, o budismo, Krishna, Baha'i e outras religiões também existem no Uzbequistão.

- 88,4% - Islão (Hanafis, Sunitas - 87,1%) e (Xiitas - 1,3%)
- 4,8% - Cristão (Ortodoxo)
- 2,4% - Cristãos (católicos, protestantes, luteranos e outras denominações cristãs)
- 0,8% - Judeus
- 4,2% - Outras religiões

Feriados nacionais: A 2 de Julho de 1992, por decisão do Oliy Majlis, estes dias foram declarados feriados e dias de folga:
- 1 de Janeiro - "Véspera de Ano Novo"
- 8 de Março - Dia Internacional da Mulher
- 21 de Março - "Feriado Navruz"
- 9 de Maio - "Dia da Memória e do Respeito"
- 1 de Setembro - "Dia da Independência
- 1 de Outubro - "Dia dos Professores e Treinadores"
- 8 de Dezembro - "Dia da Constituição
- Eid al-Fitr
- Eid al-Adha (Eid al-Adha)

O desenvolvimento socioeconómico de qualquer país depende em grande parte das suas condições naturais e dos seus recursos naturais. Em conjunto, determinam o potencial dos recursos naturais da região, que consiste nos recursos naturais que utiliza, bem como nas oportunidades e recursos que podem ser utilizados. Consequentemente, ao avaliar o potencial dos recursos naturais, são considerados não só os recursos reais mas também as oportunidades, e a utilização destas oportunidades é baseada nas perspectivas de desenvolvimento económico do país. É importante compreender os conceitos básicos subjacentes a este tópico - condições naturais e recursos naturais, aspectos gerais e específicos.

Antes de mais, é de notar que ambos têm a palavra "natural"; por conseguinte, as leis da sua formação e desenvolvimento estão em grande parte relacionadas com processos naturais, ou seja, desumanos. Contudo, com o desenvolvimento da sociedade e da ciência e tecnologia, o desenvolvimento da produção e do crescimento populacional, o impacto de factores antropogénicos e antropogénicos nas condições naturais e nos recursos naturais aumentou, e como resultado, a "naturalidade" do nosso ambiente tornou-se cada vez mais artificial. vai É o estudo dos aspectos territoriais da relação entre a natureza e a sociedade que constitui o principal problema filosófico da geografia.

Claro que, como qualquer dualidade dá origem a uma trindade, a relação entre natureza e sociedade é moldada pelo homem, pela população. Portanto, na ciência da geografia económica e social existe mais trindade, ou seja, o sistema de "natureza - população - economia (produção)". O estatuto e o nível desta trindade ou "geotrião" numa determinada região determina a sua situação natural, sócio-económica, demográfica e ecológica.

Por exemplo, se os descrevermos como uma pirâmide, no Vale de Fergana, a parte inferior da pirâmide, ou seja, a natureza é mais fina, a população é mais longa (camada mais grossa), e a economia é um pouco mais curta. Ao mesmo tempo, a República de Karakalpakstan pode ver o oposto (mais condições e recursos naturais, menos população, economia esparsa, mais fraca).

Para além dos aspectos gerais das condições naturais e dos recursos naturais, existem diferenças entre eles. Em geral, as condições naturais são mais entendidas no sentido do ambiente, que não está directamente envolvido na produção, nem cria bens materiais; as condições naturais fornecem indicadores de qualidade para a localização da população e o local de produção, ou seja, pode ser confortável ou inconveniente. Por exemplo, o clima de um lugar, a sua estrutura superficial, etc., representam as suas condições naturais.

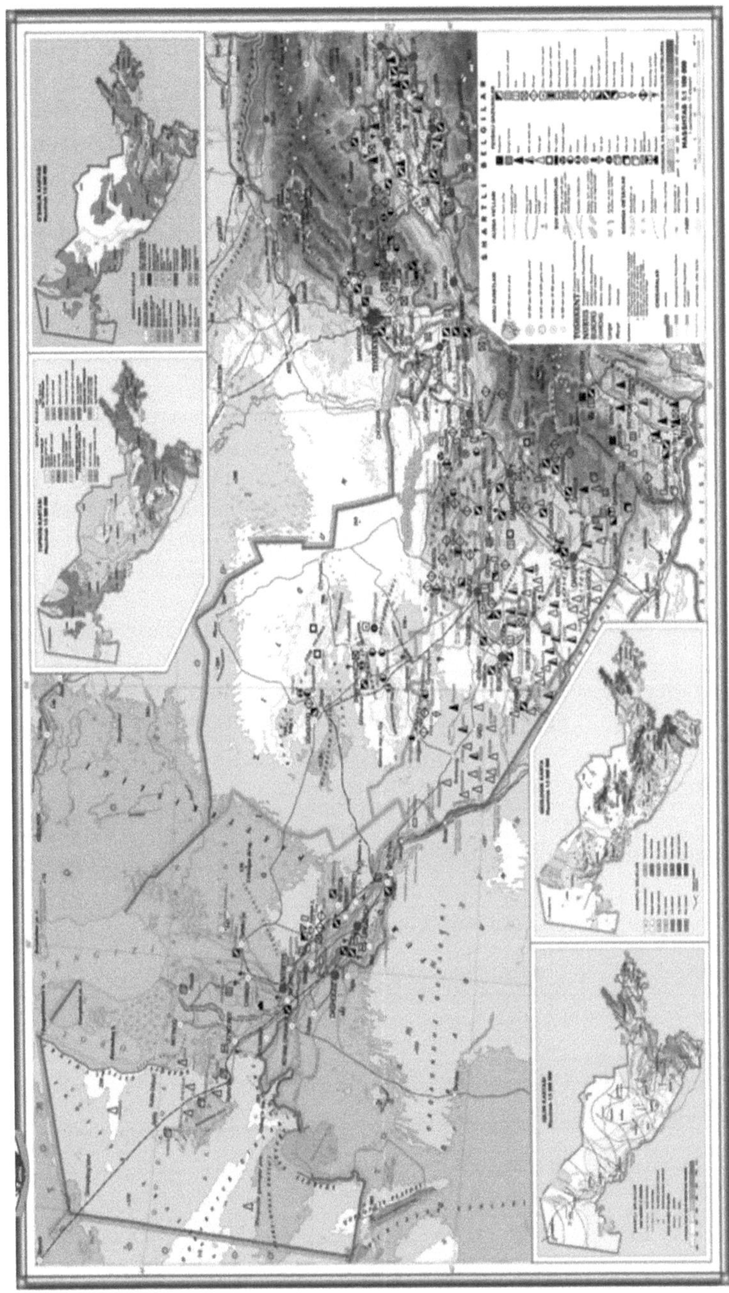

Figura 11. Mapa natural do Uzbequistão

33

Os recursos naturais (recursos, riqueza) estão directamente envolvidos no processo de produção e têm indicadores quantitativos. Os recursos naturais são divididos em partes finitas e não finitas, e os finitos em partes renováveis e não renováveis. Por exemplo, florestas, água, solo, etc. podem ser regenerados num período de tempo relativamente longo. Tais características dos recursos naturais exigem a sua utilização racional.

Contudo, deve ter-se em conta que a natureza dos componentes geográficos naturais depende da sua utilização prevista. Portanto, um componente que é uma condição natural numa área pode ser um recurso noutra área. O clima ou relevo são recursos agro-climáticos importantes para a agricultura (temperatura, humidade, solo) se forem geralmente considerados condições naturais em termos de geografia industrial. Da mesma forma, a luz solar, as florestas e o mar são os principais recursos naturais na recreação.

Além disso, a importância das condições naturais e dos recursos naturais, a direcção da utilização tem efeitos diferentes na localização dos sectores da economia e das povoações. Por conseguinte, é aconselhável prestar atenção a estes aspectos na avaliação socioeconómica. Em particular, o relevo precisa de ser analisado e avaliado de um ponto de vista industrial para todos os sectores, especialmente agricultura e transportes. O relevo do Uzbequistão, ou seja, a estrutura de superfície, é um pouco mais complicado, cerca de 80% do território do país (mais precisamente 78,7%) é plano, e o resto é montanhoso e de sopé.

Quadro 7. Escala de avaliação geográfica económica das condições naturais e dos recursos naturais

Componentes geográficos naturais	Esferas sócio-económicas:				
	Agricultura	Indústria	Transportes	Localização da população	Recreação e turismo
Alívio	+ +	+	+	+	+
Minerais	–	+ +	+	+	–
Clima	+ +	–	–	+	+ +
Água	+ +	+	+	+ +	+
Solo	+ +	–	–	–	–
Planta	+	+	–	–	+
Animal	+	+	–	–	–

Izoh: + + ta'siri kuchli, + ta'siri bor, - ta'siri deyarli yo'q darajada.

As zonas montanhosas ocupam as partes sul, sudeste e leste do país, enquanto as planícies ocupam as suas partes central, norte e noroeste. Só o planalto de Ustyurt, localizado no extremo noroeste do Uzbequistão, cobre uma área de cerca de 40.000 quilómetros quadrados, ou cerca de 9 por cento da área total do país. A planície é constituída por desertos e semi-desertos, com base no deserto de Kyzylkum. As zonas montanhosas, segundo I. Hasanov e P. Gulomov, incluem 3 sistemas principais de montanha. Estes são os sistemas montanhosos Chatkal-Qurama, Nurata-Turkestan e Gissar-Zarafshan. O sistema montanhoso Chatkal-Qurama, por sua vez, é a continuação ocidental do Tianshan, constituído pelos cumes Qorjantag, Ugam, Piskom, Chatkal, e Qurama, que correm quase em paralelo um com o outro. O ponto mais alto aqui é Sayram Peak em Ugam, a 4236 m acima do nível do mar. Entre as montanhas encontram-se as bacias, oásis e vales intermontanhosos, que são de grande importância económica. Um dos mais importantes é o Vale de Fergana, que está rodeado em diferentes lados pelo Mogultog, Qurama, Chatkal, cadeias de Fergana e o sistema montanhoso do Turquestão-Alay. Há também Zarafshan, Kitab-Shakhrisabz e cadeias de montanhas Surkhan na república.

Nas planícies do nosso país pode-se ver montanhas planas baixas e dispersas. São Sultão Uvays, Bokantov, Yetimtov, Tomditov, Ovminzatov, Kuljuktov e outros. O ponto mais alto é o Aktash Peak (922 m) em Tomditov. Estas pequenas montanhas "remanescentes" são ricas em grandes recursos minerais. Bokantov é como "esta mina". Em geral, os oásis e vales do deserto, as montanhas e os sopés (colinas) reflectem as características geográficas específicas das condições naturais do Uzbequistão.

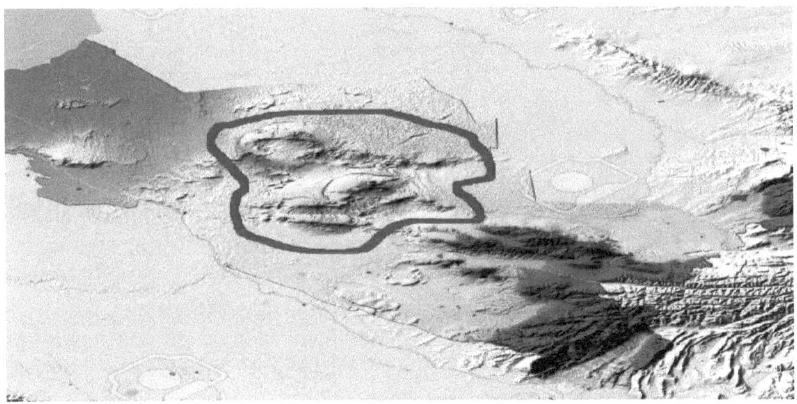

Figura 12. A localização das montanhas remanescentes

É de notar que a diversidade da estrutura da superfície do Uzbequistão, a história geológica do território da república também determina a geografia dos recursos minerais, recursos minerais formados sob a influência de processos geoquímicos. De acordo com os dados disponíveis, o Uzbequistão possui mais de 2.700 depósitos minerais conhecidos, com reservas comprovadas de 970 mil milhões de dólares e um valor total de 3,3 triliões de dólares. Os recursos minerais estão divididos em diferentes categorias, dependendo do seu estudo geológico. As reservas bem estudadas são reservas de importância industrial, e todas as reservas são chamadas reservas prováveis ou previstas. Os recursos minerais são divididos em reservas equilibradas e desequilibradas, de acordo com a sua importância económica.

As reservas de equilíbrio incluem aquelas com localização geográfica favorável e bons indicadores técnicos e económicos (reservas totais do depósito, qualidade, estrutura dos estratos, etc.) e aquelas que precisam de ser mineradas. Os depósitos que não satisfazem estes requisitos são incluídos nas reservas desequilibradas. Os recursos minerais, a sua quantidade, categoria e importância mudam com o tempo; novas reservas serão abertas, o nível de exploração das reservas e o saldo será reconstituído. O Uzbequistão é um dos principais países do mundo em termos de alguns recursos minerais. Estes incluem, antes de mais, ouro, cobre, tungsténio, urânio, gás natural.

Situação dos recursos minerais do Uzbequistão em 2016

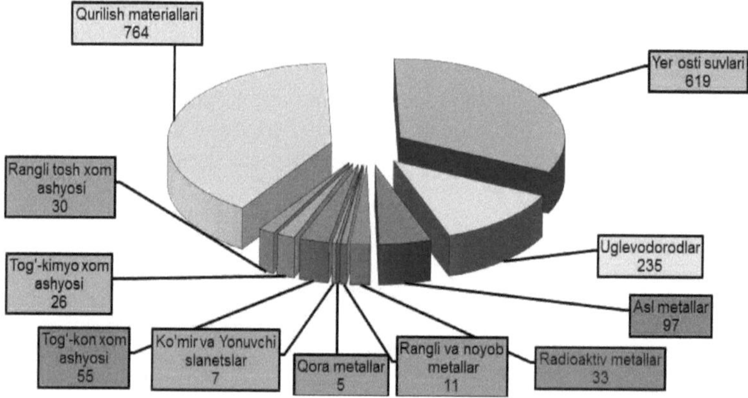

É bem conhecido que a independência energética e de combustível de qualquer país desempenha um papel importante para garantir a segurança da sua economia nacional. A este respeito, o país tem grandes jazidas de gás natural. Estão localizados principalmente na região de Kashkadarya (Shortang, Mubarek, Uchkir, Shurkhok, Zevardi, etc.). Existem também campos de gás natural na região de Bukhara (Kandym, etc.), mas a maioria deles estão à beira do esgotamento. Actualmente, estão a ser descobertos novos campos de gás em Ustyurt. O maior destes campos é o depósito de Surgil. Embora os primeiros campos de petróleo tenham sido descobertos no Vale de Fergana (por exemplo, em Shorsuv em 1886), as suas principais reservas encontram-se hoje na região de Kashgar.

O maior campo aqui é Kokdumalak, com base no qual foi construída uma grande refinaria de petróleo em Karavulbozor, região de Bukhara. Os campos de petróleo estão localizados em Surkhandarya (Hovdog, Kokaydi, Lalmikor), no Vale de Fergana (Sul de Olamushuk, Polvontash, Mingbulak, etc.). Disponível na República de Karakalpakstan (Aksholok, Orga, Shoxpakhti, etc.). A prospecção geológica está actualmente em curso em cooperação com a Federação Russa (Lukoil) para identificar novos campos petrolíferos no Planalto de Ustyurt, no Mar de Aral e áreas adjacentes. Trabalho semelhante está a ser levado a cabo na região de Surkhandarya juntamente com a Malásia e o Irão.

A geografia dos depósitos de carvão no país é relativamente pouco comum. No depósito de Angren (2 mil milhões de toneladas), que possui grandes reservas, a lenhite é extraída principalmente em minas a céu aberto e é principalmente utilizada em centrais térmicas. Os campos de Tashkomir estão localizados na região de Surkhandarya - campos de Shargun e de Boysun (Toda). Ao avaliar os recursos de combustível, podem-se tirar as seguintes conclusões: o nosso país é bem abastecido de gás natural e é também exportado; as reservas de petróleo precisam de ser aumentadas; as reservas de carvão são de qualidade menos elevada e menos importantes industrialmente.

As reservas de minério de ferro no Uzbequistão são também de importância industrial limitada. Tais depósitos encontram-se na montanha Sultan Uvays (Tebinbulak) de Karakalpakstan e nas regiões de Tashkent (Temirkon) e Navoi (Surenota). A república é rica em reservas de tungsténio. As suas principais jazidas são Koytash, Ingichka, Yahton, Sargardon, Langar e outras. O manganês encontra-se na região de Samarkand, depósitos de molibdénio nas cristas de Gissar, Nurata e Chatkal. Como mencionado acima, o nosso país é também rico em ouro, cobre, prata e chumbo. As maiores jazidas de ouro são Muruntau e Kokpatas. Existem também depósitos de ouro como Marjanbulak, Qizilolma, Chodak, Zarmetan. Mais de 4/5 do total das reservas de ouro estão localizadas no Kyzylkum Central; actualmente, apenas cerca de um quarto dos depósitos de ouro identificados no país, e cerca de metade dos depósitos explorados estão em uso.

As reservas de cobre à volta de Almalyk (Kalmykia, Dalgnoe, Sarichek) e minérios polimetálicos (Khanjiza, Uchkuloch, Lashkarak) são também de grande importância industrial. Ao mesmo tempo, a república tem depósitos de chumbo, estanho e bismuto, e a matéria-prima do alumínio - caulino - tem enormes reservas entre as costuras de carvão castanho de Angren. O Uzbequistão é rico em depósitos de urânio; os seus principais depósitos estão localizados nas regiões do Kyzylkum Central, Navoi, Namangan e Tashkent.

O nosso país tem grandes reservas de várias matérias-primas petroquímicas. Estas são, antes de mais, potássio Tubekatan, sal de Khojaikon osh, sal-gema de Boybichekan e vários depósitos de sal perto de Karaumbet, Borsa Kelmas, Kungrad. Foram encontradas grandes reservas de fosforite na região de Navoi - Kyzylkum Central e estão actualmente a ser utilizadas. O Uzbequistão tem uma variedade de materiais de construção - areia, gipsita, granito, mármore. O mármore é extraído em Samarkand, Kashkadarya, regiões de Navoi e Karakalpakstan (Gozgan, Langar, Amonkotan, Kitab, etc.). Existem também reservas de minerais não metálicos - fluorite, feldspato, grafite, amianto, talco, argilas bentoníticas. Assim, os minerais do país encontram-se principalmente nas regiões de Navoi, Kashkadarya, Surkhandarya, Samarkand e Tashkent. O Vale de Fergana e, em particular, as regiões de Syrdarya e Khorezm são quase invisíveis a este respeito. Os minerais "Satélite" são comuns em depósitos de metais não ferrosos, raros e preciosos. Por conseguinte, tais minérios requerem um processamento tão completo e complexo quanto possível. Em geral, os recursos minerais do país criam condições favoráveis para o desenvolvimento das indústrias de combustíveis, metalurgia não ferrosa, química e de materiais de construção. Outras indústrias, especialmente a metalurgia ferrosa, ainda não têm o potencial para o desenvolvimento industrial.

O clima do Uzbequistão é nitidamente continental, com verões quentes e invernos frios. Dentro da província, a periferia é temperada no norte e noroeste, enquanto o resto das planícies é subtropical. A temperatura média anual varia de +8,9 graus no norte a +18 graus no sul. A temperatura média de Janeiro só está acima de zero no sul - em Surkhandarya (por exemplo, em Sherabad +3,60), em Ustyurt - menos 8-11 graus. Em Julho, a temperatura média é de 31-320 em Termez ou Sherabad, +270 em Tashkent, +260 em Samarkand, e ligeiramente mais baixa nas montanhas e nos contrafortes.

Sabe-se que para o crescimento das plantas, a temperatura diária não deve ser inferior a +50 graus. A soma das temperaturas positivas determina o período de crescimento. No sul do país, esta quantidade atinge os 4.000-4.900 graus, e nas zonas norte e montanhosas é de cerca de 2.000-30.000. Há muitos dias de sol no nosso país, pelo que há muitas oportunidades de utilizar a energia solar e a radiação.

O Uzbequistão está localizado numa bacia hidrológica fechada, a maioria dos seus rios são de trânsito, ou seja, são formados principalmente fora do país, no território dos países vizinhos. Por exemplo, a área de captação do Amudarya é de cerca de 80 quilómetros quadrados, dos quais apenas 8% se encontram no Uzbequistão. Em Syrdarya, este número é de 38 e 10, respectivamente.

Formação dos recursos hídricos utilizados no território do Uzbequistão

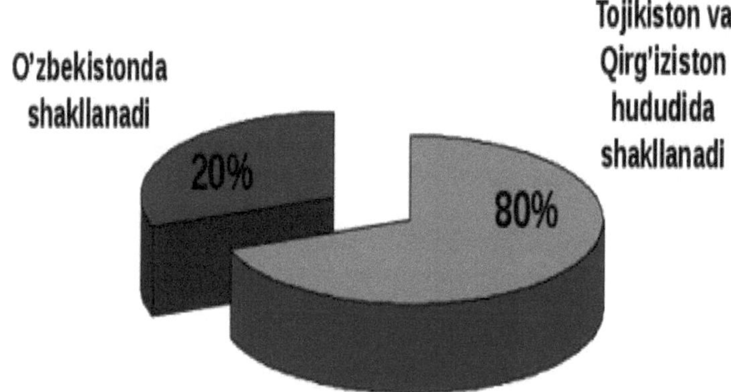

Os principais rios da república são Amudarya, Syrdarya, Zarafshan, Kashkadarya, Surkhandarya, Sherabaddarya e outros. São principalmente utilizados na agricultura e na agricultura irrigada. Há muitas águas subterrâneas no país, especialmente águas medicinais com diferentes conteúdos minerais. São

Khojaikon, Omonxona, Jayronxona, Chartog, Tashkent, Chinabad) e outras. Actualmente, o Tashkent Suvi (Karshi, Fergana, etc.), que tem um nome tradicional entre o povo, é produzido em várias cidades do país. As águas subterrâneas são também importantes para o desenvolvimento do gado em zonas desérticas.

Os principais sectores de poluição da água no Uzbequistão

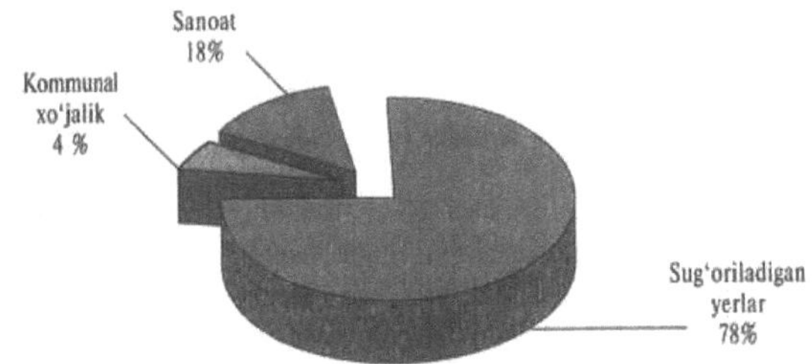

Os recursos terrestres do Uzbequistão são utilizados principalmente para a agricultura. Mais de metade da agricultura irrigada é feita nas planícies, e o resto nas montanhas e nos contrafortes.

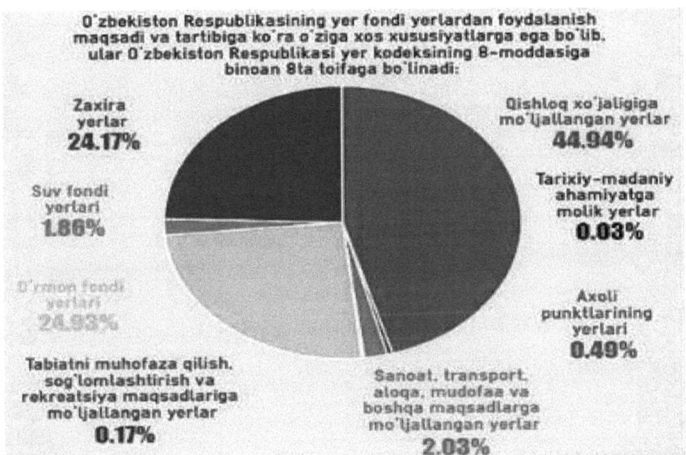

A área total de terras aráveis ou em pousio é de 750.000 ha, dos quais 3/5 são totalmente fornecidos com humidade natural. As pastagens naturais cobrem 22 milhões de hectares, ou cerca de metade da área total do país. No entanto, nem todas estas áreas têm acesso a água. Na maior parte do país existem solos castanhos (solos cinzentos). De acordo com U.Tojiev, H.Namozov e os seus co-autores, na região desértica existem solos castanhos claros, arenosos desérticos e prados, e nas áreas agrícolas irrigadas (Fergana, Chirchik- No Ahangaron, Mirzachul, Kashkadarya, Zarafshan, Surkhandarya vales, solos cinzentos ou cinzentos são comuns. Nas zonas montanhosas, os solos castanhos, castanhos da floresta montanhosa são comuns. Os solos aluviais são também formados nas zonas mais baixas dos rios (por exemplo, Khorezm).

A investigação geográfica económica envolve a análise da combinação de duas componentes, nomeadamente a estrutura das indústrias e o conteúdo da região, passando de uma para outra. Isto deve-se às formas sociais e territoriais de divisão do trabalho. Em geral, a composição territorial, sistema territorial, associação territorial ou complexo são os termos básicos da ciência da geografia económica e social. Do ponto de vista do conteúdo do sistema, qualquer objecto consiste em partes ou partes separadas, ou seja, conteúdo, e estas partes asseguram a sua integridade e integridade. É importante lembrar que o conteúdo é um sistema único, mas é também um sistema de baixo nível, que também consiste em "componentes".

O conteúdo regional varia. Por exemplo, a economia do Uzbequistão pode ser analisada geograficamente - norte, sul, oeste e leste, ou com base no princípio da bacia (bacias de Amudarya e Syrdarya). Pode também ser visto em termos de regiões geomorfológicas e naturais-económicas, nas planícies e nos contrafortes, nos desertos, oásis e vales. Isto significa que o conteúdo, ou seja, a parte integrante de todo o sistema, é diferente mesmo na posição "horizontal". No entanto, o conteúdo administrativo tem vantagens significativas em termos de gestão da economia, recolha e análise de estatísticas.

Quadro 8. Composição da indústria transformadora (em%)

	2010	2011	2012	2013	2014	2015	2016	2017	2018
Indústria transformadora	**100**	**100**	**100**	**100**	**100**	**100**	**100**	**100**	**100**
Produção alimentar	19,6	19,9	19,7	20,6	21,4	24,0	24,9	19,7	13,3
Produção de bebidas	3,3	3,3	3,4	3,2	3,1	3,3	3,7	3,2	2,6
Fabrico de produtos de tabaco	1,4	1,3	1,0	1,0	1,1	1,1	1,1	1,0	0,8
Fabrico de produtos têxteis	17,2	18,3	17,6	16,1	16,2	17,2	14,9	14,2	13,1
Fabrico de vestuário	2,0	2,2	2,3	2,1	2,0	2,1	4,8	5,2	4,1
Fabrico de peles e produtos afins	0,3	0,3	0,3	0,6	0,8	1,0	1,1	1,2	0,9
Fabrico de produtos de madeira e espuma (excepto mobiliário), palha e matérias têxteis	0,3	0,3	0,5	0,7	0,9	1,0	0,6	0,7	0,8
Fabrico de papel e produtos de papel	0,5	0,5	0,5	0,8	0,7	0,8	1,1	1,0	0,9
Publicação e reflexão de materiais escritos	0,7	0,6	0,8	0,7	0,7	0,7	1,0	1,0	0,7
Produção de coque e produtos de refinação de petróleo	6,3	6,5	5,2	4,5	4,6	4,0	3,2	3,1	2,9

Fabrico de produtos químicos	7,0	7,1	6,7	6,1	6,2	6,5	8,2	8,4	8,0
Fabrico de produtos farmacêuticos de base e medicamentos	0,6	0,8	0,8	0,8	0,8	1,0	1,4	1,2	0,9
Fabrico de produtos de borracha e plástico	2,0	2,3	2,0	2,5	2,5	2,5	2,9	2,7	2,8
Fabrico de outros produtos minerais espelhados	5,8	6,2	6,7	7,7	7,1	6,3	7,1	6,4	6,4
Indústria metalúrgica	11,0	10,2	9,9	9,5	9,5	9,2	9,0	10,6	16,5
Fabrico de produtos metálicos acabados, excepto máquinas e equipamentos	2,0	2,1	2,5	2,1	2,1	2,5	2,5	3,1	2,7
Fabrico de computadores, produtos electrónicos e ópticos	1,6	1,7	1,7	0,6	0,6	0,6	0,5	0,7	0,5
Fabrico de equipamento eléctrico	1,4	1,4	1,8	2,3	2,2	2,1	2,2	2,7	3,7
Fabricação de máquinas e equipamentos não incluídos em outras categorias	0,8	0,9	1,1	1,4	1,2	1,0	1,1	1,3	1,8
Fabricação de veículos, reboques e semi-reboques	12,7	11,4	12,6	14,0	13,4	10,2	4,6	8,9	14,0
Produção de outras faíscas de transporte	0,3	0,3	0,3	0,3	0,3	0,3	0,2	0,3	0,3
Produção de mobiliário	0,6	0,6	0,5	0,6	0,7	0,8	1,5	1,3	0,9
Fabrico de outros produtos acabados	0,8	0,4	0,4	0,4	0,5	0,6	1,2	0,9	0,7
Reparação e instalação de maquinaria e equipamento	1,8	1,5	1,7	1,4	1,5	1,4	1,2	1,0	0,7

Por conseguinte, a correcta organização das unidades administrativas, a sua estabilidade e estabilidade são de grande importância prática. Em particular, a plena implementação, gestão e acompanhamento do desenvolvimento socioeconómico, o desenvolvimento de conceitos, estratégias e previsões nesta área têm oportunidades favoráveis a nível regional. É do ponto de vista da economia regional e da geografia económica que podem ser aceites condicionalmente, em primeiro lugar, como uma região que difere do conceito geográfico natural tradicional do nome. Os princípios do desenvolvimento económico do Uzbequistão são os seguintes:

- A supremacia da economia sobre a política.

- Iniciador de reformas estatais.
- Estado de direito em todas as áreas.
- Implementar uma política social forte.
- Transição gradual para as relações de mercado.
- Além disso, a política regional da república está mais neste contexto.

Exportação. Em 2018, as exportações no Uzbequistão excederam 13.677 milhões₁ de dólares americanos. De 2000 a 2018, as exportações para o Uzbequistão foram em média de 4.082,53 milhões de dólares americanos.

Importações. Em 2018, o volume de importações para o Uzbequistão excedeu 17968,80 milhões de dólares americanos. De 2000 a 2018, as importações para o Uzbequistão foram em média de 3.798,57 milhões de dólares americanos.

Reservas de ouro. Em 2018, subiu para 332,18 toneladas. As reservas de ouro no Uzbequistão entre 2017 e 2018 atingiram uma média de 343,27 toneladas.

Despesas governamentais. De 14641001,70 milhões de soums em 2015 para 17862434,00 milhões de soums em 2018. soums. As despesas públicas no Uzbequistão de 1990 a 2016 foram em média de 8337377,71 milhões de soums.

Receitas governamentais. Em 2018, as receitas estatais no Uzbequistão excederam 50.696,90 mil milhões de almas. As receitas estatais no Uzbequistão entre 2006 e 2018 foram em média de 17.448,42 mil milhões de soums e ascenderam a 79.099,10 mil milhões de soums.

Produção industrial. Em 2018, a produção industrial no Uzbequistão aumentou 6,90% em comparação com o mesmo período do ano passado. De 2004 a 2018, a produção industrial no Uzbequistão foi, em média, de 18,07%.

Velocidade da Internet. Em 2018, a velocidade da Internet no Uzbequistão era de 7525,44 Kbps.

Corrupção. De acordo com o Índice de Percepções de Corrupção de 2018 da Transparency International, o Uzbequistão é o país menos corrupto em 158º de 175 países.

Negócios. De acordo com o último ranking anual do Banco Mundial, o Uzbequistão ocupa a 69ª posição entre 190 países em termos de facilidade de fazer negócios. Em 2018, a classificação do Uzbequistão aumentou de 75 para 76 em 2017. A facilidade de fazer negócios no Uzbequistão de 2008 a 2018 atingiu uma média de 118,17, atingindo um recorde de 166 em 2011 e 69 em 2018. Fonte: Uzbekistan: Banco Mundial

Retalho. Em 2018, a média era de 13,05 por cento. As vendas a retalho deverão crescer 5,10 por cento em 2021, de acordo com os nossos modelos econométricos.

Taxa de desemprego. Em 2018, caiu para 6,90 por cento dos 7,20 por cento em 2017. De 1991 a 2018, a taxa de desemprego no Uzbequistão era em média de 7,80 por cento.

Número de desempregados. Em 2018, aumentou de 837.000 em 2017 para 1.368,60.000. O número de desempregados no Uzbequistão de 2009 a 2018 era, em média, de 422,28 mil pessoas.

Número de empregados. Em 2018, subiu para 13.520.000, e em 2017, para 13.294.000. O número médio de pessoas empregadas no Uzbequistão era de 10.305,11 mil. .

Taxa de inflação. Em 2018, era de 14,30 por cento. A taxa de inflação no Uzbequistão de 2009 a 2018 foi, em média, de 5,04%.

Inflação alimentar. Em 2018, aumentou em 14,90 por cento. De 2005 a 2018, a inflação alimentar no Uzbequistão foi, em média, de 5,46%. De acordo com os nossos modelos econométricos, a inflação alimentar no Uzbequistão em 2020 deverá ser de cerca de 15,50%.

Balança comercial. Em 2018, o défice comercial do Uzbequistão ascendia a 4291,70 milhões de dólares americanos. De 2000 a 2018, a balança comercial do Uzbequistão foi em média de 243,53 milhões de dólares americanos.

Conta corrente. Em 2018, a conta-corrente será de 2769 milhões. Registado um défice de US $. De 1982 a 2018, a conta corrente no Uzbequistão foi em média de 662,45 milhões de dólares, em 2001 atingiu 2.621 milhões de dólares, e em 2018 atingiu um recorde de -3231 milhões de dólares.

Orçamento do Estado. Em 2018, o orçamento do Estado foi executado com um excedente de 0,50% do PIB. De 1998 a 2018, o orçamento do Estado no Uzbequistão ascendeu a -0,24% do PIB.

Taxa de imposto sobre o rendimento das pessoas colectivas. A taxa de imposto para empresas em 2018 era de 7,50 por cento. A taxa de imposto no Uzbequistão entre 2008 e o terceiro trimestre de 2018 foi, em média, de 10,57%.

PIB. Em 2018, o produto interno bruto (PIB) do Uzbequistão aumentou 5,80% em comparação com o ano anterior. A taxa de crescimento anual do PIB de 2006 a 2018 foi, em média, de 7,59%.

Dívida no PIB. Em 2018, a dívida pública representava 23,60 por cento do produto interno bruto do país. A dívida pública em relação ao PIB entre 1999 e 2018 foi em média de 23,92%.

Produto Interno Bruto per capita. Em 2018, era de $ 2.026,50. O PIB per capita do Uzbequistão é de 16% da média mundial. Fonte: Uzbequistão: Banco Mundial

PIB da agricultura. Em 2018, 48552,40 mil milhões. de sopas. De 2002 a 2018, o PIB da agricultura foi em média de 16.832,81 mil milhões de soums. soums.

PIB dos serviços. Em 2018, o produto interno bruto dos serviços ascendia a 21695,60 mil milhões de soums. De 2002 a 2018, o PIB médio no Uzbequistão ascendeu a 21069,31 mil milhões de soums. soums.

Homens em idade de reforma. A idade de 60 anos em 2018 permaneceu inalterada em comparação com a idade de 60 anos em 2017.

Mulheres em idade de reforma. Em 2017, a idade de 55 anos permaneceu inalterada em 2018.

Salário. Em 2017, aumentou em 1453,20 mil soums por mês (de 1294 mil soums em 2016). O salário médio no Uzbequistão de 2011 a 2017 ascendeu a 1263,53 mil soums por mês.

Produção de petróleo bruto. A produção de petróleo bruto em 2018 permaneceu inalterada de 41 BBL / D / 1K em Julho a 41 BBL / D / 1K. De 1994 a 2018, a produção de petróleo bruto no Uzbequistão foi em média de 74,09 BBL / D / 1K.

Dívida externa. Em 2018 diminuiu para 17629836,37 mil dólares, em 2017 para 17707670 mil dólares americanos. A dívida externa do Uzbequistão de 1992 a 2018 foi em média de 6870077,64 mil dólares.

Questões de controlo:

1. 1. Descrever a localização geográfica natural do país?
2. 2. Nomear as indústrias mais desenvolvidas do país?
3. 3. Nomear os maiores depósitos de carvão, petróleo, gás e minério do país.
4. 4. Que transportes desempenham um papel de liderança na economia do país?
5. 5. Que HICHM foi formado no sul da república?

República do Cazaquistão

Plano:

1. Localização geográfica natural e económica e fronteiras do Cazaquistão.
2. Condições e recursos naturais do Cazaquistão.
3. A economia do Cazaquistão e a sua descrição geral.

A República do Cazaquistão foi reconhecida como Estado independente em 16 de Dezembro de 1991 por todos os países do mundo. O país é agora um membro de pleno direito das Nações Unidas. A sua área é de 2717,0 mil km2, e o seu território pode acomodar plenamente países como o Irão, Iraque e Turquia. População - em 2018 era de 18,2 milhões de pessoas. Olhando para trás, em 1960 existiam 10,0 milhões de pessoas no país. Os cientistas prevêem que em 2020 a população será de cerca de 18,67 milhões de pessoas. O país é o segundo maior da CEI, depois da Rússia. Estende-se por mais de 3.000 km desde o Mar Cáspio a oeste até Altai a leste, e mais de 1.800 km no norte (Rússia) e sul (Quirguistão, Uzbequistão, Turquemenistão) e faz fronteira com a RPC a leste.

Localização económica e geográfica:

- Transporte por condutas, de grande importância económica e geopolítica, ligando países europeus e asiáticos com vias férreas e auto-estradas transcontinentais;
- Grandes oportunidades para relações económicas com os países da Bacia do Cáspio;
- Acesso às vias navegáveis russas interiores e internacionais (AZOV, Mares Negro e Báltico) através do rio Volga;
- O desenvolvimento económico da Rússia - regiões económicas dos Urais, Volga e Sibéria Ocidental, limítrofes da República Popular da China - criam condições favoráveis para o desenvolvimento de fortes laços económicos.

A cultura e a história do país foram formadas e desenvolvidas ao longo de muitos milénios. No território do país actual, no 1-4° milénio a.C., as tribos dedicavam-se ao pastoreio. A dinastia Qang surgiu nos séculos I-3° a.C. Nos séculos VI-8 a.C., o Khanato Turco, assentamentos nas bacias dos rios Ili e Chuv, e mais tarde o estado Qarluq (766-940) foram formados, o artesanato e o comércio floresceram, e surgiram cidades (Taraz). No sul do país, o Islão espalhou-se nos séculos VIII e X, e nos séculos IX e XI, o Oguz Khanate desintegrou-se nas regiões ocidental e sudoeste do país e foi substituído pelo estado de Karakhanid. Em 1219-1221, o país foi conquistado pelos mongóis e a nação mongol foi formada. Mais tarde, Amir Temur marchou contra Tokhtamysh (1391), e 200 anos mais tarde, Abdullah II marchou para a estepe Kipchak. No final do século XIV e início do XV, a Horda Branca, a Horda Nogai, e o Khanato usbeque foram divididos em várias propriedades.

Com base nas fontes, pode dizer-se que o estado no Cazaquistão foi formado em 1470. Nos vales dos rios Yettisuv e Chuv, os sultões cazaques

Jonibey e Kirey uniram um grande número de tribos no clã "Cazaque". No início do século XVI, sob a liderança de Kasimkhan (1511-1523), o Khanatê Cazaque foi reforçado, as suas fronteiras expandidas, a formação do povo Cazaque foi completada, e a população aumentou. O khanatê era bem conhecido na Ásia e na Europa. Mais tarde, o Khanatê Cazaque foi dividido em juzes, chamados o Grande Juz (Setenta), o Juz Central (País Central) e o Pequeno Juz (País Ocidental). Com a morte do último Khan Taukehan Cazaque em 1716, surgiu no país um grande número de khanatos independentes. As relações cazaques-russas desempenham um papel importante no desenvolvimento da cultura e economia cazaque.

Actualmente, a estrutura administrativo-territorial da República é constituída por 14 oblast, que estão unidos em cinco regiões económicas. Abrange uma área de 1.800 km de norte a sul e 3.000 km de oeste a leste, e faz fronteira em terra com cinco países (Rússia, China, Quirguistão, Uzbequistão e Turquemenistão). A extensão total das fronteiras é de 13.331 km. Também partilha fronteiras com a Rússia, Azerbaijão, Turquemenistão e o Mar Cáspio a uma distância de 600 km. A localização económica e geográfica da república é relativamente favorável. Os Estados da Ásia Central estão localizados nas principais ferrovias e auto-estradas que ligam o norte, oeste e leste. Por outras palavras, o país tem as ligações mais convenientes com a Rússia, China e Japão, bem como com os países da Europa Ocidental. A sua ligação ao Mar Cáspio também aumenta a sua localização económica e geográfica.

Figura 13. Mapa político e administrativo do Cazaquistão

De acordo com as características do relevo, o território é constituído principalmente por planícies (2/3). O restante 1/3 é constituído por montanhas e montanhas planas. Em geral, as partes ocidental, setentrional e central da república são ocupadas por planícies. As principais montanhas são Rudali Altai no nordeste, ao longo das fronteiras sudeste e sul Jungariya Alatovi, Tarbagatai, cadeias montanhosas de Tianshan, Karatov e de oeste para leste ao longo da região central da república. alongadas As montanhas planas do país, a muito mais baixa Mugodjar (continuação sul das montanhas Urais) que se estende de norte a sul, e Mangistau no extremo sudoeste da república são as principais montanhas e montanhas planas deste vasto país. formas. O seu relevo tem características positivas do ponto de vista económico e geográfico. Por outras palavras, não existem dificuldades adicionais no desenvolvimento económico da área (conversão em terra arável, construção de estradas, povoamentos, empresas, etc.).

Figura 14. Mapa natural do Cazaquistão

O clima é diversificado devido a várias razões objectivas (a dimensão do território e a ausência de barreiras naturais do oeste, sudoeste e norte, etc.), tem um forte carácter continental. O Verão é principalmente quente e contínuo. . O mês de Julho central flutua de + 26 ° C no sul para + 19 ° C no norte. O máximo absoluto atinge + 46 ° C. O Verão é seco sem precipitação, excepto nas regiões norte e leste da república e nas altas montanhas. O Inverno é tão rigoroso como nas regiões setentrionais da Rússia. Janeiro flutua de -5° C no sul a -20° C no norte. O mínimo absoluto varia de -48°C a -53°C. Os dias frios duram de 110 dias no norte a 190 dias no sul.

A precipitação média aumenta de 100 mm nas regiões desérticas planas do oeste e sudoeste da república, de 300 mm para 600-700 mm nas regiões norte e nordeste. A precipitação é mais elevada nas regiões montanhosas. Esta característica das condições naturais é principalmente a latitude (de norte a sul) no território da república, o que levou à formação de zonas geográficas naturais de estepe, estepe, semi-deserto e deserto. Naturalmente, estas zonas têm um significado económico e geográfico diferente. Em particular, as zonas de estepe-estepe, estepe e sopé são importantes para a agricultura (principalmente com base na humidade natural), enquanto outras zonas são importantes para o gado.

O país é rico em recursos naturais. Especialmente em termos da dimensão e diversidade dos recursos minerais naturais. Entre os países da CEI, o cobre, chumbo, zinco, prata, tungsténio, bismuto, vanádio, bário, petróleo, molibdénio, cádmio, bauxite, fosforite, amianto, carvão, minério de ferro ocupam o terceiro lugar nas reservas de muitos tipos de materiais minerais de construção. Isto confirma que a posição do país no mundo é muito elevada. Actualmente, o país tem mais de 100 depósitos de carvão, mais de 200 de petróleo e gás natural, mais de 200 de cobre e mais de 1.000 diferentes depósitos de metais não ferrosos.

O país está particularmente bem abastecido de combustíveis e recursos minerais. Metade do carvão é hulha e o resto é lignite. O país tem 3,3% das reservas mundiais de carvão. O país é o oitavo maior produtor de carvão do mundo. As reservas de carvão do país são de 176,6 mil milhões de toneladas. A bacia carbonífera de Karaganda é a mais importante de todas as jazidas do país. É a única jazida de carvão de coque e é principalmente extraída. Tem 51 mil milhões de t. A reserva é concentrada. O volume total da bacia é de 3 mil km2, a profundidade é de 50-300 m, a espessura é de 1,5-15 m. A bacia carbonífera de Karaganda inclui Abay, Shakhta, Shakhan e outros depósitos de carvão.

A bacia carbonífera de Ekibastuz tem as melhores instalações mineiras devido à espessura das veios de carvão e à proximidade da superfície. A bacia carbonífera tem 13 km de comprimento e 6 km de largura, com uma espessura da costura de carvão de 100-120 metros. As suas reservas totais são de 12 mil milhões de toneladas. Ekibastuz é o lar da maior mina a céu aberto do mundo, Bogatir, que produz 50 milhões de toneladas de carvão por ano. Ao mesmo tempo, inclui as minas a céu aberto do Centro, Leste, Norte e Stepnoy. Perto de Ekibastuz encontra-se a terceira bacia carbonífera do país, Moykoba (com reservas de 10 mil milhões de toneladas, das quais 2 mil milhões de toneladas podem ser extraídas a céu aberto). A quarta maior bacia de lenhite, Ubagan (com reservas de 40 mil milhões de toneladas), está localizada na região de Kustanay e estende-se por 800 km ao longo do corredor de Turgai, principalmente de norte a sul. Tem uma espessura de até 65 m. Existem também depósitos de carvão em Kenderli, Belokamennoe (País Oriental), Kaljat, Qorjankol, Langar.

O país é também o país mais rico da Ásia Central em termos de reservas petrolíferas. Os principais campos estão localizados nas regiões de petróleo e gás Ural-Emba-Akbota e Mangistau. As reservas de petróleo estão estimadas em 3,2 mil milhões de dólares. t. e 6 triliões de m3 de gás natural. Existem actualmente 60 minas em funcionamento. Os primeiros campos petrolíferos no país foram descobertos no início do século XX (Dossor-Makat-Emba), e nos anos 60 começaram a explorar os campos de Mangishlak (Jetiboy, Uzen, Tasbolat, etc.). O seu petróleo é rico em compostos leves e voláteis, mas também elevado em resina e compostos de parafina (50%). Durante as décadas de 70 e 80, os depósitos mais promissores de Kumkol foram descobertos nas regiões de Bozachi, Tengiz, Kalamkas, Karajanbas e Kyzylorda. Entre eles, Tengiz é um dos cinco maiores países do mundo em termos das suas reservas.

Foram descobertos vários campos de gás no país nos últimos anos. Estes são os jazigos Joman, Kuyonkulak, Yahshi Kuyonkulak, Chomishti, Akkol, Kyzylay e Oymasha em Ustyurt e no sul da Península de Mangitlak. Apesar das vastas reservas de petróleo e gás do país, a sua localização é notoriamente inconveniente. Situam-se nas regiões ocidentais mais escassamente povoadas e áridas, longe das principais áreas de consumo.

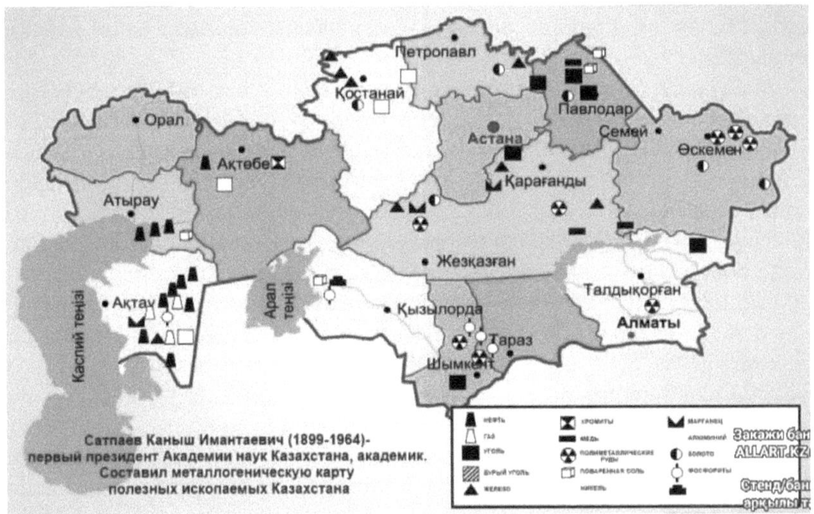

Figura 15. Mapa de minerais do Cazaquistão

O país é um dos países mais ricos não só na CEI, mas também no mundo em termos de recursos minerais de minério metálico. Importante, é rico tanto em metais ferrosos como não ferrosos. Os minérios metálicos não ferrosos, em particular, distinguem-se pela sua diversidade e reservas. Actualmente, foram identificados 74 depósitos de cobre. Estes são Jezkazgan, Sayak, Kungrad, Bozshakol, Chatirkol e outros. Entre os depósitos polimetálicos encontram-se Ziryan, Uskemen, Leninogorsk, Zmeynogorsk, Belousov (País Oriental), Tekeli, Achisoy. Há também dezenas de depósitos de bauxite (Arkalyk, Turgay), cromite (Donskoe), tungsténio, molibdénio, prata, ouro, níquel, etc., localizados em diferentes partes do país.

O país é um dos mais ricos da Ásia Central em termos de reservas de minério de ferro. É responsável por 17% do total das reservas dos países da CEI. Sokolov-Sarbay, Kachar, Ayak, Lisakovsky na região de Kustanay, Atasuv, Karajol, depósitos de minério de ferro do Mar do Norte de Aral são os mais importantes do País Central. A república é também relativamente rica em depósitos de manganês (Jezdi). Os recursos minerais químicos são também bastante diversificados e ricos. Os depósitos de fósforo constituem a base destes recursos. A bacia de fosforito de Karatov é uma das maiores do mundo, não só na CEI, em termos de reservas e qualidade. Além disso, o depósito de fósforo de Aktobe (Aktobe) é importante na economia nacional da república. Os recursos minerais do país são muito diversificados e têm uma vasta geografia. As reservas de sal são tão grandes que, se fossem espalhadas pelo território da república, formariam uma camada de 70 cm. Existem quase todos os tipos de sais. Os recursos minerais dos edifícios Noruda estão também disponíveis em grandes reservas e em diversidade. Entre eles estão o amianto (Jetigara), grafite, mica, fluorite, dolomite, calcário. Dos outros recursos naturais, o país é muito mais rico em quase todos os tipos de recursos inesgotáveis (radiação solar, vento, geotermia, etc.).

Um dos recursos mais importantes do país são os recursos terrestres (270,1 milhões de hectares), que é uma das maiores repúblicas da CEI. Oitenta e dois por cento da terra aqui é agrícola. Tem 190 milhões de hectares de pastagens e prados e 30,2 milhões de hectares de terra arável. O país ocupa a sexta posição no mundo em termos de terras aráveis. É a quarta maior área de pastagem do mundo. Ao mesmo tempo, não é muito rico em recursos hídricos. Os recursos hídricos variam de acordo com as características climáticas gerais. Os recursos hídricos internos do país são de 115,3 mil milhões de m3. Os seus 60,4 mil milhões de m3 de reservas de água encontram-se no território da república, e 54,9 mil milhões de m3 de reservas de água provêm do território dos países pássaros. 62% dos recursos hídricos internos do país pertencem ao País do Sul, 30% ao País do Norte, 4,8% ao País Central, e o resto a outras regiões.

Existem cerca de 85.000 rios e mais de 48.000 lagos no país. Cerca de 8.000 lagos têm mais de 10 km de comprimento. A área total dos lagos é de 45.000 km2, dos quais 94% não excedem 1 km2. Os maiores lagos são Balkhash, Zaysan, Olakol, Tengiz, Sileti, Sasikkol, Kushmurun e Markakol. Apenas 4% da superfície da terra (11 milhões de hectares) é florestada. O potencial dos recursos recreativos é também enorme. Várias paisagens naturais, lagos (mais de 40.000 em número), nascentes minerais e lamas curativas, etc., formam a base dos recursos recreativos da república.

- A população da República é uma das maiores da CEI. De acordo com números oficiais, é o lar de mais de 110 nacionalidades. A principal razão para isto é a dinâmica da população. A sua população mudou da seguinte forma (em milhões): 1926 - 6,0; 1939 y. - 6,1; 1959 y. - 9,3; 1979 y. - 14,7; 1989 y. - 16,5; 1995 y. - 16,7; 1997 y. - 15,9; 2006 - 15,2. Aparentemente, 1939-1959. e 1959-1979. A população tem crescido a um ritmo muito mais rápido. Para eles

- A primeira razão, apesar dos difíceis anos de guerra, é que muitas empresas e pessoas industriais foram evacuadas das regiões Ocidental e Central da antiga União Soviética.

- A segunda razão é que o país continua a desenvolver reservas de grande escala e terras cinzentas, e mais importante ainda, milhões de pessoas de diferentes nacionalidades foram deslocadas do Ocidente para a república. A segunda razão é que antes da Segunda Guerra Mundial, especialmente no período pós-guerra, dezenas de milhares de pessoas de ascendência europeia foram deslocadas devido ao desenvolvimento de muitas minas subterrâneas no país e ao lançamento de novas empresas industriais.

- A terceira razão é que o país também abraçou uma proporção significativa das repressões de massas que tiveram lugar no final dos anos 30 e início dos anos 50. Assim, estas condições levaram não só a um rápido aumento da população do país, mas também à complicação da composição nacional da população.

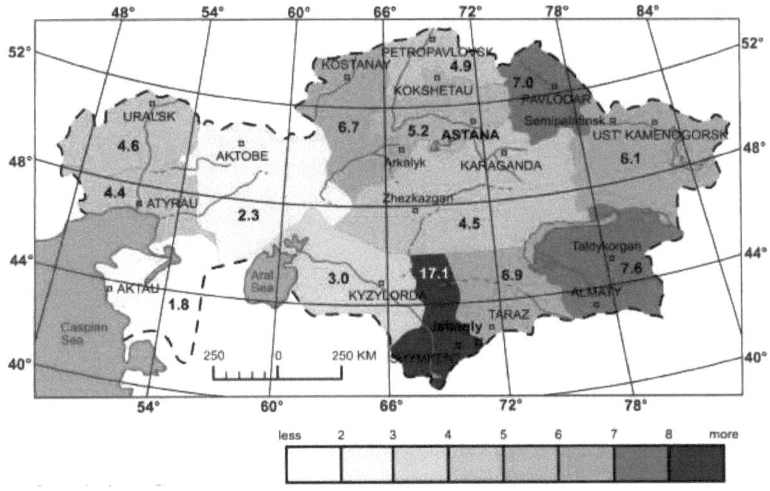

Figura 17. Mapa da densidade populacional do Cazaquistão

De acordo com os últimos dados do censo de 2018, a composição étnica da população da república pode ser vista no diagrama seguinte.

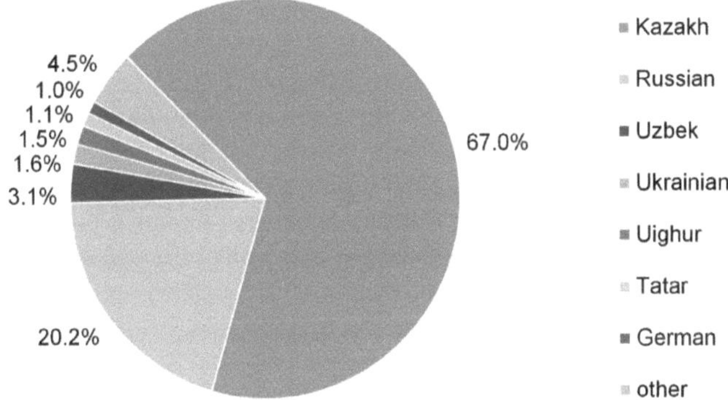

A localização territorial da população varia em função das condições naturais de vida e do nível de desenvolvimento económico regional. De acordo com os dados mais recentes, a densidade populacional do país é de 5,5 pessoas por 1 km2. Esta é a taxa mais baixa da CEI. Nas zonas de agricultura intensiva dos países do Sul e do Norte, a densidade populacional é mais elevada, com 22-25 pessoas. No entanto, nas regiões desérticas dos países ocidentais e centrais, este número não ultrapassa 1-2 pessoas por km2.

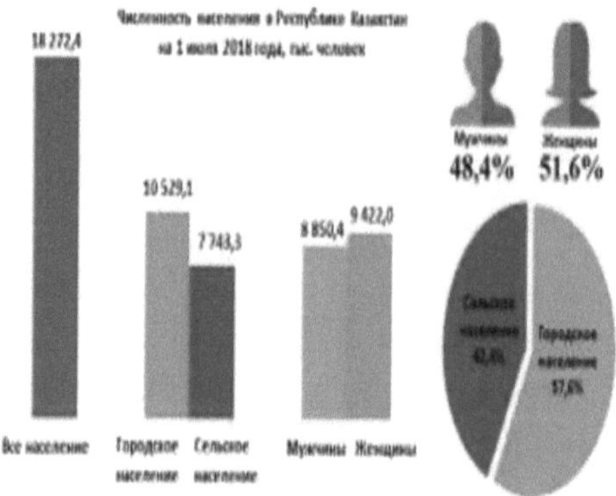

O país tem o mais alto nível de urbanização da Ásia Central. Em 2018, 57,6% da população total vivia em cidades e o resto em zonas rurais. Em geral, o processo de urbanização na república foi muito mais rápido. Existem actualmente 86 cidades e cerca de 200 cidades no país. Há uma cidade milionária no país, Almaty (1 milhão 422,4 mil). 62,2% da população da república (2016) está em idade de trabalhar. Mas há sempre uma necessidade de recursos de mão-de-obra no país. A parte da população capaz na antiga União Soviética era constituída por homens entre os 16 e 60 anos e mulheres entre os 16 e 55 anos, mas agora os homens entre os 16 e 63 anos e as mulheres entre os 16 e 58 anos são a força de trabalho. 48,4% da população são homens e 51,6% são mulheres.

Actualmente, o país participa na divisão regional do trabalho com sectores especializados - criação de animais, criação de cereais. O país é um dos sectores agrícolas mais especializados. São principalmente cultivadas culturas de cereais. Dos cereais, o trigo é o mais cultivado, ocupando 2/3 da área total cultivada com cereais. Além disso, o painço, o arroz e a cevada são cultivados a partir de cereais. Algodão, girassol e beterraba sacarina são cultivados mais do que as culturas técnicas. A pecuária é um dos ramos especializados da agricultura, especialmente a criação de ovinos. Além disso, o gado bovino, equino e camelo há muito que está envolvido.

A localização territorial da população varia em função das condições naturais de vida e do nível de desenvolvimento económico regional. De acordo com os dados mais recentes, a densidade populacional do país é de 5,5 pessoas por 1 km2. Esta é a taxa mais baixa da CEI. Nas zonas de agricultura intensiva dos países do Sul e do Norte, a densidade populacional é mais elevada, com 22-25 pessoas. No entanto, nas regiões desérticas dos países ocidentais e centrais, este número não ultrapassa 1-2 pessoas por km2.

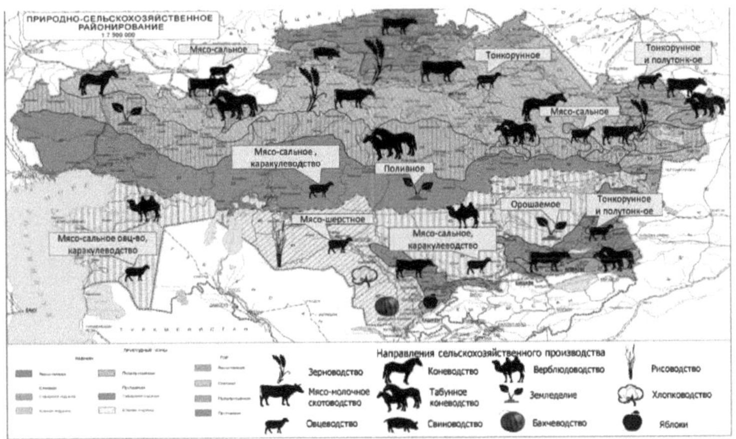

Figura 19. Mapa da agricultura e da criação de animais do Cazaquistão

A agricultura está desenvolvida de forma desigual no país. A agricultura de regadio, por exemplo, está bem estabelecida no Sul. Tem sido cultivada aqui há muito tempo. As principais culturas são algodão, beterraba sacarina, tabaco, arroz e milho. A horticultura e a viticultura também são importantes. A criação de ovinos e a criação de gado são as principais indústrias. A parte norte do país é especializada no cultivo de mais cereais. É também a principal terra de cultivo do país. A par da agricultura, desenvolve-se também a criação de animais. A pecuária e os suínos são as principais indústrias do país.

A criação de cavalos é também de grande importância. Outra região especializada na criação de animais é o País Ocidental. O Karakol desenvolve-se nas estepes e nos desertos, e o gado bovino no norte. A criação de cavalos e a pesca desempenham também um papel especial na sua exploração agrícola. A agricultura está relativamente subdesenvolvida.

As principais culturas são o trigo, a cevada e o melão. As áreas cultivadas constituem cerca de 10% do território da República. Existem muitas pastagens no País Central, onde se desenvolvem ovelhas, bovinos, cavalos e camelos. A produção leiteira predomina em torno das grandes cidades, e a produção de carne predomina nas regiões áridas.

O cultivo de cereais desenvolve-se na agricultura. Ao mesmo tempo, o cultivo de pistácios e linho de culturas industriais está bem estabelecido. O país de Leste distingue-se pelo seu gado. A criação de gado leiteiro e bovino (criação de gado bovino) e a criação de suínos são aqui desenvolvidas. Além disso, é a única região do país onde se desenvolve a apicultura. Nas zonas montanhosas, a apicultura é também praticada. Nesta região desenvolve-se a criação de gado seco.

Os transportes são o principal ramo da economia nacional. Grande parte do país é terra, com muito poucos cursos de água naturais. Por conseguinte, o transporte terrestre é muito importante para o transporte de mercadorias e passageiros. O transporte rodoviário e ferroviário é responsável por 90% do transporte de mercadorias do país. O transporte por água, ar e condutas também está envolvido no transporte de carga e passageiros no país. O transporte do país foi desenvolvido principalmente durante a antiga era soviética. Oitenta e cinco por cento dos caminhos-de-ferro existentes no país (14,5 mil km), bem como o transporte automóvel, aéreo e por condutas, foram inteiramente construídos nessa época.

O transporte ferroviário é o principal meio de transporte do país. É o terceiro caminho-de-ferro mais longo da CEI, depois da Rússia e da Ucrânia. Inicialmente, os caminhos-de-ferro Trans-Siberianos e Orenburg-Tashkent foram construídos antes da revolução. Actualmente, existem várias auto-estradas no território da República em direcção paralela e meridional, ou seja, na direcção meridional - TransMamlakat (Petropavlovsk-Karaganda-Mointi-Chuv), Turksib (Aris-Alma-Ata-Semipalatinsk) e Orenburg. - As ferrovias Kyzylorda-Tashkent, Trans-Siberiana, Siberiana Central (Troitsk-Kustanay-Kokchatov-Karasuk) e Sul-Siberiana (Magnitogorsk-Akmola-Pavlodar-Barnaul) funcionam em paralelo.

O transporte ferroviário transporta principalmente carvão, minério de ferro, metais não ferrosos, grãos, petróleo e produtos petrolíferos, fertilizantes minerais, e materiais de construção. A quantidade relativamente grande de carga enviada da república indica que tem um equilíbrio activo de transporte. O transporte ferroviário é responsável por 73,6% do tráfego de mercadorias do país.

O transporte rodoviário desempenha também um papel importante no transporte do país. A extensão da auto-estrada é de 115.000 km. Mais de 93.000 km são estradas pavimentadas. É também a terceira auto-estrada mais longa do mundo, depois da Rússia e da Ucrânia. A parte do transporte rodoviário no volume de negócios de mercadorias do país é de 14,5%. As maiores auto-estradas situam-se no Sul. Esta estrada liga Almaty a Tashkent, Bishkek e Shymkent. As estradas Almaty - Chilik. - Karaganda - Akmola - Kokchatov - Petropovlovsk, Karaganda-Kustanoy-Atyrau, Aktov-Jetiboy-Yangi Uzen também desempenham um papel importante na economia do país.

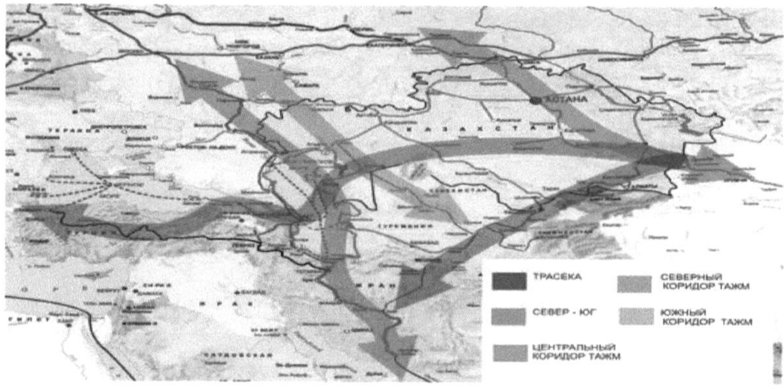

Figura 20. Esquema de corredores de transporte internacional da República do Cazaquistão

O transporte rodoviário tem um lugar especial no transporte inter-distrital, inter-fazenda e inter-regional. O transporte por oleoduto é a próxima maior fonte de carga. É a mais jovem rede de transporte do país. Petróleo e produtos petrolíferos, gás, etc., são transportados através do oleoduto. O seu comprimento total excede os 4.000 km.

Apesar da escassez de rios e lagos no país, a extensão total das vias navegáveis no país é de cerca de 4.000 km. A navegação fluvial é desenvolvida por vias navegáveis. Muitas vias fluviais são de grande importância porque se desenvolvem em zonas onde não existem estradas ou caminhos-de-ferro. A carga principal é constituída por materiais de construção, produtos de panificação, florestas e madeira, petróleo e produtos petrolíferos, carvão e outros. O rio Irtysh é uma das vias fluviais mais importantes. É responsável por 90% da carga de água. (1750 km de comprimento com o Lago Zaysan). Em segundo lugar está o Rio Ural, que tem 1.100 km de comprimento. A utilização dos rios Ili, Ishim e Syrdarya é muito difícil.

O transporte marítimo é desenvolvido no Mar Cáspio. O Mar Cáspio lava a República a uma distância de 2300 km. Como resultado da descoberta de campos petrolíferos, desenvolveu-se o transporte marítimo de mercadorias. Além do porto de Atyrau, foram construídos aqui os portos de Aktau, Bautiko e Yeraliev. Estes portos ligam o Cazaquistão-Azerbaijão, Daguestão, Turquemenistão e a região do Baixo Volga. São transportados petróleo e produtos petrolíferos estrangeiros, materiais de construção, peixe, maquinaria e equipamento, bens de consumo. Devido à dimensão da região, o meio de transporte mais rápido - o transporte aéreo - é também de grande importância. Muitas cidades da república têm voos para o estrangeiro próximo e distante. A companhia aérea da república ultrapassa os 1000 km. Aeroportos modernos têm sido construídos em todos os centros regionais.

As zonas económicas diferem nas suas condições naturais e na diversidade dos seus recursos. O Sul é uma região com uma grande agricultura irrigada e uma agricultura intensiva. Desde tempos imemoriais, são aqui cultivadas culturas técnicas valiosas: algodão, beterraba sacarina, tabaco, bem como cereais, arroz e milho. É também um líder na horticultura e viticultura. A criação de ovinos está também bem desenvolvida.

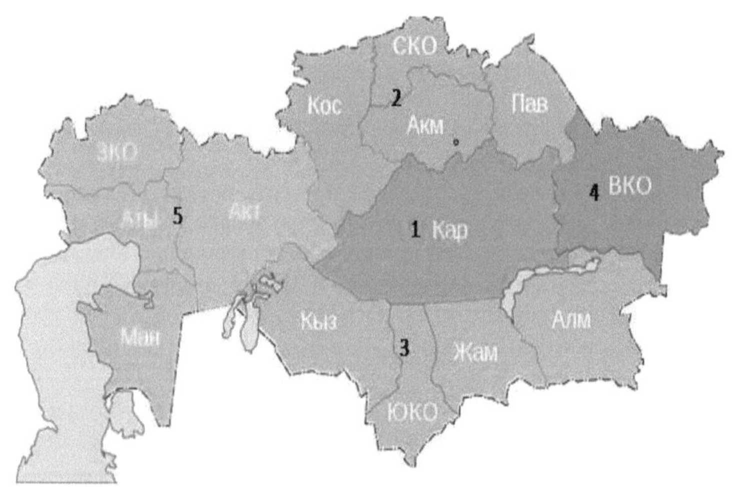

Figura 21. Mapa das regiões económicas do Cazaquistão
(1.região central 2.região norte 3.região sul 4.região leste 5.região oeste)

Quadro 9. Regiões económicas do país

Regiões económicas	Área		Número da população		Densidade populacional central	Taxa de população urbana e rural	
	mil km kv	%	mln. kishi	%	indivíduo km.kv	urbano	rural
Oeste	736,1	27,0	2,2	13,2	3,2	58	42
Norte	565,7	20,8	4,4	26,6	8,4	49	51
Central	428,0	15,7	11,8	10,8	5,8	82	18
Leste	283,3	10,4	1,7	10,2	7,0	57	43
Sul	711,8	26,1	6,5	39,2	10,7	42	58
País República, total	2724, 9	100,0	16,6	100,0	7,0	56	44

É também uma grande região industrial do país do sul. A extracção de fósforo e minérios polimetálicos, a produção de pyx e estanho, superfosfato, e várias máquinas e equipamentos estão bem estabelecidos na região. A região económica é o maior produtor de produtos leves e alimentares do país.

O País do Norte é uma das regiões mais populosas da CEI, com a maior produção de cereais, carne e lacticínios da CEI. Ao mesmo tempo, desempenha um papel especial no processamento de produtos agrícolas. As indústrias da carne, dos lacticínios, da farinha e da farinha estão especialmente bem desenvolvidas. A região é o maior minério de ferro e outro centro mineiro do país. Nesta base, a indústria da metalurgia ferrosa e não ferrosa está a desenvolver-se na região. As indústrias de construção de máquinas, carvão e energia eléctrica estão também bem desenvolvidas.

O País Central é a maior base de carvão e ferro não só na República, mas também na CEI. A metalurgia não ferrosa, a maquinaria metalo-intensiva, e a indústria química estão também bem desenvolvidas. Com o desenvolvimento de novas terras, a produção de produtos agrícolas - cereais, carne e produtos lácteos - está a crescer.

O País Oriental é o maior centro de metalurgia não ferrosa e de produção de energia hidroeléctrica do país e da CEI. A agricultura desempenha também um papel importante na economia da região. O cultivo de cereais, a criação de gado bovino, a criação de ovinos e as indústrias ligeira e alimentar estão bem desenvolvidas.

O Ocidente é a única região produtora de petróleo do país. Produz também níquel e crómio, maquinaria para a indústria petrolífera, e fertilizantes minerais. A pesca e a transformação, a produção agrícola, especialmente de gado e cereais, estão bem desenvolvidas na região. Todas as cinco regiões económicas do país formam um único complexo económico nacional e desempenham um papel significativo na divisão geográfica do trabalho.

YaIM. Em 2018, o produto interno bruto (PIB) do Cazaquistão ascendia a 170,54 mil milhões de dólares americanos. O PIB do Cazaquistão corresponde a 0,28% da economia mundial. De 1990 a 2018, o produto interno bruto do Cazaquistão elevou-se a 86,78 mil milhões de dólares.

Preços constantes do PIB. Em 2018, os preços constantes do PIB no Cazaquistão subiram para 27696,95 KZT, atingindo 13155,37 mil milhões no primeiro trimestre de 2018. Dan. Os preços fixos do PIB no Cazaquistão entre 1994 e 2018 atingiram em média 9579,81 mil milhões de soums. tenge.

Produto Interno Bruto per capita. Em 2018, era de $ 11.165,50. O Cazaquistão tem um PIB per capita médio de 88 por cento. De 1990 a 2018, o PIB per capita no Cazaquistão ascendeu a 7096,69 dólares americanos.

PIB da agricultura. Em 2018, o PIB da agricultura do Cazaquistão aumentará para 6789118 milhões, e no primeiro trimestre de 2018 - para 274580,60 milhões. foi de tenge. O produto interno bruto da agricultura no Cazaquistão de 2007 a 2018 foi em média de 873509,77 milhões, ou 6789118 milhões. Em 2018 e no primeiro trimestre de 2007, um recorde de 49779,30 milhões.

PIB da produção. Em 2018, o PIB da produção no Cazaquistão atingirá 3318029,40 mln. tenge aumentou. O PIB da produção no Cazaquistão de 2007 a 2018 atingiu em média 2175901,99 milhões de euros. Foi formada a tenge.

PIB da exploração mineira. Em 2018, o PIB da exploração mineira no Cazaquistão aumentou para 47837518 milhões. 2125713,40 milhões de tenge - registado em 2018.

PIB dos transportes. Em 2018, o produto interno bruto dos transportes no Cazaquistão atingirá 22397386 milhões de euros de 2007 a 2018, uma média de 22397386 milhões de tenge.

Preços de exportação. Em 2018, caiu para 98,40 pontos de índice, e em Maio de 2018 para 103,40 pontos de índice. Os preços de exportação no Cazaquistão entre 2000 e 2018 atingiram uma média de 100,93 pontos de índice.

Preços de importação. Em 2018, subiu de 100,20 pontos de índice para 100,80 pontos de índice em 2018.

Taxa de desemprego. Permaneceu em 4,80% em 2018, contra 4,80% em 2017. De 2003 a 2018, a taxa de desemprego foi, em média, de 5,61%.

Número de empregados. Em 2018, subiu para 8.762,90 mil. De 2001 a 2018, o número médio de empregados no Cazaquistão foi de 7912,79 mil pessoas.

Número de desempregados. Em 2018, o número subiu para 443,20 mil pessoas. De 2001 a 2018, a taxa média de desemprego no Cazaquistão era de 546,25 mil pessoas.

Taxa de desemprego juvenil. Caiu de 3,90 por cento no terceiro trimestre de 2018 para 3,60 por cento no quarto trimestre de 2018. De 2001 a 2018, a taxa de desemprego juvenil no Cazaquistão foi em média de 8,40 por cento.

Salário. Em 2018, subiu para 188.632 KZT / mês. No Cazaquistão, o salário médio de 2000 a 2018 ascendeu a 79.299,25 tenge por mês. De acordo com os nossos modelos econométricos, o salário médio mensal no Cazaquistão em 2020 está projectado para cerca de 174000,00 KZT / tendência por mês em média.

Taxa de inflação. Em 2018, era de 5,50 por cento. A inflação no Cazaquistão de 1992 a 2018 foi, em média, de 45,88%.

Taxa de juro. O Banco Nacional do Cazaquistão manteve a taxa chave em 9,25%, como esperado na sua reunião de 2018. De 1992 a 2018, a taxa de juro no Cazaquistão foi, em média, de 23,41%.

Balança comercial. Em 2018, o volume de negócios do comércio externo do Cazaquistão ascendeu a 1831,80 milhões. USD. A balança comercial no Cazaquistão de 1998 a 2018 foi em média de 1.497,50 milhões de dólares.

Conta corrente. Em 2018, o défice da conta corrente do Cazaquistão aumentou acentuadamente para 2,79 mil milhões de dólares. Este foi o maior défice da conta corrente desde o ano passado, uma vez que a balança de mercadorias caiu para 3,18 mil milhões de dólares, de 6,27 mil milhões de dólares no ano passado, com um excedente de rendimento secundário de 0,32 mil milhões de dólares para 0,11 mil milhões de dólares. Ao mesmo tempo, a diferença nos cálculos dos serviços caiu de 1,31 mil milhões para 0,47 mil milhões de dólares, enquanto que a diferença nos rendimentos fixos caiu de 5,63 mil milhões para 5,61 mil milhões de dólares. De 1995 a 2018, a conta corrente no Cazaquistão foi em média de 155,57 milhões de dólares, contra 6.655,80 milhões de dólares no primeiro trimestre de 2014 e um recorde de -3081,30 milhões no terceiro trimestre de 2007.

Dívida pública ao PIB. Em 2018, a dívida pública elevava-se a 21,90 por cento do produto interno bruto do país. A dívida pública do país em relação ao PIB entre 2002 e 2018 atingiu uma média de 13,26%.

O orçamento do Estado em relação ao PIB. Em 2018, o défice orçamental do Estado ascendia a 1,40% do PIB. O orçamento do Governo do Cazaquistão de 1993 a 2018 ascendeu a 1,8% do produto interno bruto médio.

Retalho. Em 2018, as vendas a retalho no Cazaquistão diminuíram em 6,90% em comparação com o mês anterior. As vendas a retalho no Cazaquistão entre 2010 e 2018 foram em média de 1,55%.

Taxa de imposto sobre o rendimento das pessoas colectivas. Em 2018, era de 20 por cento. De 2005 a 2018, a taxa de imposto sobre as sociedades no Cazaquistão era em média de 22,86%.

Homens em idade de reforma. Em 2018, permaneceu inalterada de 63 para 63 anos, em comparação com 2017. Os homens em idade de reforma no Cazaquistão entre 1995 e 2018 tinham em média 62,48 anos.

Mulheres em idade de reforma. Não mudou de 58 anos em 2018 para 58 anos em 2017. O número médio de mulheres em idade de reforma no Cazaquistão de 1995 a 2018 foi de 57,48.

Preços ao produtor. Em 2018, os preços ao produtor no Cazaquistão ascenderam a 10,00%. De 1999 a 2018, a variação dos preços no produtor no Cazaquistão foi, em média, de 12,72%.

Balanço bancário. Em 2018, o balanço dos bancos aumentou em 26118294045 mil tenge, em 2018 ascendeu a 25334257596 mil tenge. O saldo dos bancos no Cazaquistão, em média, de 2008 a 2018, ascendeu a 26118294045 mil tenge 17539616553.99 KZT.

Reservas de divisas. Em 2018, excedeu 29,501 milhões de dólares. As reservas de divisas no Cazaquistão entre 1993 e 2018 foram em média de 15025,91 milhões de dólares.

Questões de controlo:
1. 1. Descrever a localização geográfica natural do país?
2. 2. Nomear as indústrias mais desenvolvidas do país?
3. 3. Nomear os maiores depósitos de carvão, petróleo, gás e minério do país.
4. 4. Que transportes desempenham um papel de liderança na economia do país?
5. 5. Que HICHM foi formado no sul da república?

República do Quirguizistão

Plano:

1. Localização geográfica natural e económica e fronteiras do Quirguizistão.
2. Condições e recursos naturais do Quirguizistão.
3. Economia do Quirguizistão e sua descrição geral.

A República do Quirguizistão é um Estado independente que ganhou a sua independência em Agosto de 1991. O Quirguistão prossegue uma política de paz no mundo baseada em princípios democráticos e, por sua vez, de não-alinhamento com qualquer bloco militar. O governo é chefiado por um Presidente eleito pelo povo para um mandato de cinco anos. É o quarto maior e mais populoso país da Ásia Central. O seu território estende-se por 900 km de oeste a leste e 410 km de norte a sul.

A capital é Bishkek. Área - 197.500 km2. A população em 2018 era de 6,3 milhões de pessoas. Olhando para trás, em 1960 havia 2,2 milhões de pessoas no Quirguizistão. A república é também chamada pelo nome desta nação. Antes da revolução, chamavam-se pássaros negros. A investigação arqueológica sugere que os habitantes locais viviam aqui há 3.000 anos. A tribo que viveu nos séculos 7-3 a.C. foi chamada de Sak. Mais tarde, as tribos usun migraram. Conheciam o ferreiro e eram nómadas.

As tribos quirguizes viveram primeiro nas zonas altas do Yenisei, e mais tarde misturaram-se com o khanatê turco, tendo aí migrado. Estudaram a agricultura sob a influência dos Sogdians. Nos séculos X-XII esteve nas mãos dos Karakhanids, depois dos Karahitays, dos Mongóis, dos Timúridos. Como nação quirguize, foi aqui formada no século XVII. Em 1820 esteve sob a influência do Kokand Khanate. Como resultado da guerra de 1916, na qual os russos chegaram no século XIX e capturaram a fortaleza Kokand de Pishpak (Bishkek), muitos quirguizes fugiram para a China. Quando se tornou parte da Rússia em 1918, a nação russa começou a imigrar. Em 1924 tornou-se a República Autónoma do Quirguizistão, em 1925 a República Autónoma do Quirguizistão, em 1936 tornou-se uma república, e em 1991 tornou-se um estado separado. Estes processos históricos tiveram um grande impacto sobre a população. No início de 2018, o grupo étnico do Quirguizistão constituía a maioria da população (73,3%). Seguem-se os uzbeques (14,7%), russos (5,6%), dungans (1,1%), uigures (0,9%), tajiques (0,9%) e outros.

Alguns distritos diferem em termos de composição étnica. Os uzbeques vivem em terras irrigadas na região de Osh do Vale de Fergana. Russos e ucranianos vivem principalmente no Vale do Chui e nas margens do Lago Issyk-Kul, enquanto que os cazaques vivem no Vale Talas. Tatars, Uighurs, Tajiks, Dungans, Alemães, etc., vivem lá. A população da república está a crescer de ano para ano devido ao crescimento natural. O maior crescimento na composição étnica foi observado no Quirguizistão. O nível de urbanização diminuiu durante os anos da independência. As principais características da localização geográfica são o terreno montanhoso, situado longe dos oceanos. A sua proximidade com países economicamente desenvolvidos como a China a leste, o Cazaquistão a norte, e o Uzbequistão a oeste é um sinal positivo, e é acessível por via férrea e rodoviária. No sul, faz fronteira com o Tajiquistão, que é semelhante em muitos aspectos.

Fronteira do Quirguistão com o Cazaquistão Alatovi do Quirguistão, cume de Iliorti, fronteira com a China Kokshooltog, pico de Khantangri, fronteira com o Turquestão do Tajiquistão e cordilheiras de Alay, com o Uzbequistão A maioria destas cordilheiras atinge 7 km e causa dificuldades nas relações com elas. Apenas a fronteira ocidental atravessa a planície, e isto corresponde ao Vale de Fergana, as fronteiras mais complexas encontram-se também aqui. O ponto mais alto é o Pico da Vitória (7439 m), o ponto mais baixo é 394 m a oeste. O país está dividido em regiões económicas do norte e do sudoeste.

As suas condições naturais são algo desfavoráveis, uma vez que se situa em parte dos sistemas montanhosos de Tianshan e Pamir-Alay. Estão divididos por vales e valas. O relevo é formado por camadas: 1o sopé das montanhas, 2o planalto, 3o central, 4o alto das montanhas. Pode ser utilizado como pasto no topo, se irrigado e cultivado em baixo.

Figura 22. Mapa da densidade populacional do Quirguizistão

Figura 23. Mapa político e administrativo do Quirguizistão

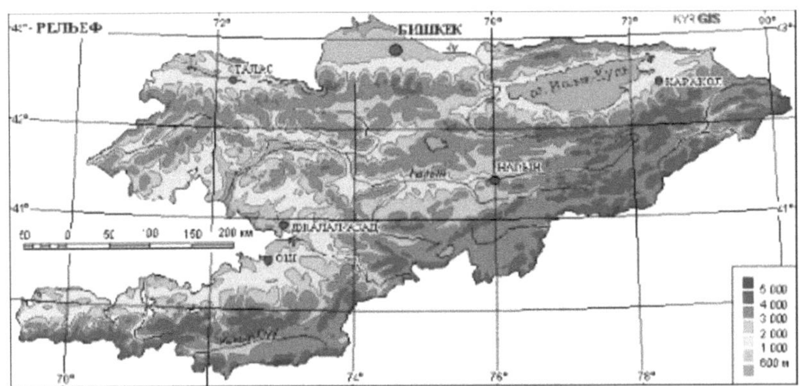

Figura 24 Mapa natural do Quirguizistão

O número total de dias de sol é de 3.000 graus. Devido ao clima continental, o ar é seco, a quantidade de radiação é elevada, e o ar arrefece à medida que aumenta. No Inverno, o anticiclone siberiano é predominante, seco e frio, e os invernos em torno de Issyk-Kul são suaves (-6). A temperatura mais baixa é no sudoeste (-28). A temperatura média no Verão é mais 25-27 graus, a estação de crescimento é de 180-230 dias, e a quantidade de precipitação varia de 100 a 1.000. No Inverno, não há neve nas encostas e valas do sul, o que permite às ovelhas pastar durante todo o ano. As avalanches no Inverno e as cheias no Verão causam danos às explorações agrícolas e às pessoas.

Figura 25. Mapa climático do Quirguizistão
(cor vermelha - temperatura muito alta, cor amarela - temperatura alta, cor verde - temperatura baixa, cor azul - temperatura muito baixa)

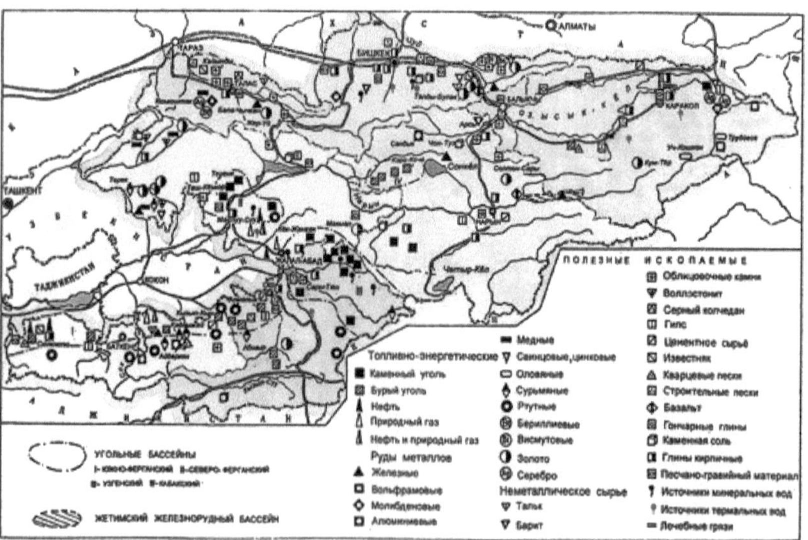

Figura 26. Mapa mineral do Quirguizistão

O país mais húmido, Naryn, Chu, Talas, Karadarya, Chatkal, flui aqui. É o segundo maior recurso hidroeléctrico da CEI, depois da Rússia e do Tajiquistão. Naryn tem a sétima maior reserva hidroeléctrica da CEI. (Norin GES cascata). A natureza criou muitas paisagens bonitas no território da república. Existem 2.000 lagos. O principal é Issyk-Kul (-1607 m), que é um dos maiores e mais profundos lagos de alta altitude do mundo. A sua salinidade é de 5 por mil, o seu núcleo é profundo, pelo que não congela. É utilizado para recreação e pesca. O Glaciar Inilchek é o segundo maior glaciar da Ásia Central. O seu comprimento é superior a 60 km. Os vales dos rios nas montanhas são belos. Existem áreas protegidas pelo Estado na República, tais como Issyk-Kul, Sari-Chelak, Bet-Aral. Há florestas nas encostas norte. As reservas hidroeléctricas são de 142,5 mil milhões de kilowatt-hora, mas utilizam 9%, o resto não está desenvolvido. Tem as mesmas reservas de combustível que o Uzbequistão, mas as condições para a exploração mineira são difíceis. Foram descobertas 35 minas de carvão, 7 das quais estão operacionais.

Existem muitos depósitos minerais no país. Grandes depósitos de ouro (região Issyk-Kul) Surma e mercúrio (Kadamjay, Haydarkent) minérios, depósitos de carvão e lignite (Tashkomir, Uzgen, Blue walnut), tungsténio (Maylisoy), ouro (Makmal e Kumtor) e no Vale de Fergana (distrito de Laylak) eram parcialmente campos de petróleo (reservas 99,43 milhões de toneladas) e gás. É rico em recursos minerais, especialmente minérios metálicos não ferrosos, mas são difíceis de extrair e não justificam o seu custo. A metalurgia não ferrosa é uma das indústrias especializadas no Quirguizistão. A indústria de construção de máquinas do país, especialmente a electrónica de mão-de-obra intensiva, engenharia de rádio, instrumentação e maquinaria agrícola, está bem desenvolvida. As maiores empresas são a Bishkek Automobile and Physical Instrument Works, Kyrgyzkabel, Kyrgyzelektorodivigatel, Moylisoy Lamp Plant e outras.

A parte principal das empresas na economia - 96,5% - são empresas do sector real, o sector financeiro da economia é de apenas 3,5%. Em 2018, as receitas da venda de bens, obras e serviços das empresas na economia ascenderam a 460,66 mil milhões de soums (6,6 mil milhões de dólares). 91,7% delas foram formadas por empresas do sector real da economia e 8,3% por empresas do sector financeiro. Como se pode ver, o maior lucro bruto provém da produção. O maior montante de fundos recaiu sobre a produção de metais e produtos metálicos acabados - 108,2 mil milhões de soums, assim como a produção de alimentos e bebidas - 28,9 mil milhões de soums. O rendimento total das empresas no Quirguizistão ascendeu a 34,7 mil milhões de soums. Isto é mais 3,1% do que em 2017. Note-se que a percentagem de empresas lucrativas no Quirguizistão é de 36,7%, e não lucrativa - 22,6%.

A indústria da república está a desenvolver-se com base nos combustíveis e matérias-primas minerais locais. 3/2 das empresas industriais estão localizadas em Bishkek, Osh, Tokmak e Jalal-Abad. Nos últimos anos, tem sido dada muita atenção ao desenvolvimento integrado da indústria. Várias novas empresas industriais estão a ser estabelecidas em cidades pequenas e centrais. Estas incluem Prijevalsk, Norin, Ribachye, Kara-Bolta, Tashkomir, Kyzylkiya e muitas outras cidades e aldeias. O Quirguizistão tem um lugar especial na Ásia Central na produção de antimónio, mercúrio, colheitadeiras, tecidos de lã, gorduras animais e outros produtos industriais. A República do Quirguizistão é um dos principais países da Ásia Central.

As empresas de construção de máquinas da República produzem uma vasta gama de produtos - máquinas de corte de metais, máquinas agrícolas, camiões basculantes, máquinas eléctricas e motores eléctricos, instrumentos de medição física, computadores electrónicos, bombas eléctricas, máquinas de lavar (Quirguizistão), lâmpadas eléctricas e outros são produzidos. Estes produtos são exportados para muitos países estrangeiros, para além das necessidades da república.

A indústria da metalurgia não ferrosa também está bem desenvolvida no país, a fábrica produz produtos antimoníacos. (1º lugar na CEI em mineração de antimónio). A fábrica de mercúrio Haydarkent de ciclo completo foi também lançada no sudoeste do Quirguizistão. Da exploração mineira à produção de minérios de mercúrio.

Um dos principais sectores da economia do Quirguistão é a indústria ligeira. (Este sector é ocupado por 1/4 das forças produtivas da república). As indústrias têxtil, de costura, do couro e do calçado estão particularmente bem desenvolvidas. As matérias-primas para a indústria ligeira são produzidas no país (algodão, lã, couro, seda, etc.). Os produtos da indústria ligeira fabricados no Quirguizistão são exportados para as repúblicas vizinhas. As maiores empresas da indústria ligeira no país são a Osh Cotton Processing Plant e a Tokmak Wool Processing Plant, que produzem os principais produtos. A indústria alimentar baseia-se na produção de farinha e produtos de farinha, produtos de padaria, confeitaria, açúcar, vinho, leite, carne e produtos de tabaco. Estas indústrias são desenvolvidas em todas as regiões do país. A república vende açúcar, óleo vegetal e produtos de tabaco aos países vizinhos. A indústria do carvão é uma das principais indústrias pesadas. O carvão é extraído em pequenos depósitos no país, tais como Kyzylkiya, Sulyukta, Kok-Yangak, Toshkomir. De grande importância são as bacias carboníferas de Kavak e Uzgen, onde o carvão de coque é extraído a céu aberto. A indústria de materiais de construção também desempenha um papel especial no desenvolvimento da economia do país. Existem fábricas para a construção de empresas industriais, habitações, estradas, fábricas de betão armado, casas, cimento, vidro, mármore e granito.

A agricultura da república está também bem desenvolvida. A agricultura é um sector diversificado e mecanizado, especializado na criação de animais. A criação de ovinos, em particular, é uma indústria líder. O Quirguizistão é um dos principais produtores de lã da Ásia Central. 1,3 milhões de hectares de terra arável (1 milhão de hectares irrigados) e 10 milhões de hectares Há pastagens de montanha e de sopé perto Nas montanhas e sopés do Quirguizistão, a pastorícia está bem desenvolvida. Carne barata e lã fina são feitas aqui. A agricultura irrigada desenvolve-se nos vales dos rios e nas bacias intermontanhosas. As terras irrigadas da república produzem 85-90% dos produtos agrícolas. Estas áreas são principalmente plantadas com culturas industriais dispendiosas e produtos forrageiros para o gado. Nos últimos anos, a cultura do tabaco tem vindo a desenvolver-se. Foram construídos vários canais e reservatórios para melhorar a irrigação. Reservatórios como o Canal de Chui, Tokhtagul, Kirov, Naiman, e Naryn são especialmente importantes para a irrigação. Os recursos agro-climáticos do Quirguizistão são únicos e diversificados. No sul do Quirguizistão, os principais campos de algodão do país estão localizados. O tabaco amarelo de alta qualidade é cultivado nas encostas dos vales de Fergana e Talas. A parte sudoeste do oblast de Osh é adequada para o cultivo de uvas, horticultura e romãs. No Vale do Chui, o cultivo de lista, uvas e beterrabas açucareiras está bem estabelecido. Maçãs, pêssegos, groselhas pretas e framboesas são cultivadas nas margens do Lago Issyk-Kul.

A criação de gado tem vindo a desenvolver-se nos últimos anos. Em particular, a criação de ovinos de lã fina, a criação de gado bovino leiteiro e de carne, a criação de suínos, de aves de capoeira, de frangos de carne, estão bem estabelecidas. O número de ovinos e caprinos está a aumentar de ano para ano. Novas raças de ovinos foram criadas com a ajuda de criadores locais. Estas incluem ovelhas de lã fina quirguizes, Tyan-shan semi-fina de lã, Aloy gado Alatov de lã grossa, e cavalos quirguizes de raça nova.

A República do Quirguizistão tem todos os meios de transporte modernos. O transporte ferroviário desempenha um papel de liderança nas relações económicas estrangeiras. Os principais centros de transporte ferroviário são o Norte do Quirguizistão e o Sul do Quirguizistão. Sendo uma república montanhosa, o transporte rodoviário desempenha um papel importante nas relações internas do país. Está ligado por auto-estradas com as regiões de Chui Valley-Talas Valley, Issyk-Kul, Naryn e Osh. A extensão total das estradas ultrapassa os 35.000 km. Auto-estradas principais: Bishkek-Ribach'e-Norin-Torin-Torugart-Osh-Bishkek, Osh-Gulcha-Seri-ton-Khorog, Bishkek-Tashkent, Bishkek-Almaty, etc. É importante não só para o transporte de passageiros, mas também para as relações económicas com os estados da Ásia Central e a China. Algumas estradas estendem-se aos pastos de montanha. Foram instaladas linhas aéreas domésticas nas zonas económicas. Foram abertos voos directos das principais cidades Bishkek, Osh, Cholpon-Ata e outras para as repúblicas vizinhas.

Nos últimos anos, o transporte por oleoduto também tem vindo a desenvolver-se. Transportam gás natural do Uzbequistão. Todos os meios de comunicação estão bem desenvolvidos no Quirguizistão. Mesmo nos vales mais remotos, existem telégrafos, rádios, programas de televisão, e assim por diante. O Quirguizistão tem uma comunicação abrangente com países estrangeiros através de redes de transporte. Os países da Ásia Central, em particular, têm boas relações com o Uzbequistão, Tajiquistão e Cazaquistão. As ligações ferroviárias e rodoviárias existentes com estes países constituem uma grande oportunidade para criar um sistema unificado de transportes na Ásia Central.

Carvão, metais não ferrosos e raros, máquinas e equipamentos, lã, tecidos, alimentos e outros produtos são exportados do país para países estrangeiros. Por sua vez, a república compra uma certa quantidade de fertilizantes minerais, produtos petrolíferos, cereais e outros produtos de países estrangeiros.

YaIM. Em 2018, o produto interno bruto (PIB) do Quirguizistão cresceu 6,40%. De 1994 a 2018, a taxa de crescimento anual do PIB do Quirguizistão foi, em média, de 3,38%.

Dívida pública ao PIB. Em 2018, a dívida pública representava 48 por cento do produto interno bruto do país. A dívida pública do Quirguizistão ao PIB foi em média de 69,66 por cento entre 2000 e 2018.

Taxa de desemprego. Em 2018, aumentou de 3,50% para 3,30%.

Número de desempregados. Em 2018, atingiu 83,10 mil pessoas. A taxa média de desemprego no Quirguistão de 2002 a 2018 foi de 63,94 mil pessoas.

Número de pessoas empregadas. Em 2018, diminuiu para 543.790. O número de pessoas empregadas no Quirguizistão de 1999 a 2018 foi, em média, de 52.1951,08.

Salários na produção. Em 2018, ascendia a 16.695,92 soums. De 1999 a 2018, o salário médio mensal no Quirguizistão era de 8174,85 soums.

Taxa de inflação. Em 2018, era de 2,30 por cento. A inflação no Quirguizistão foi em média de 6,76% entre 2003 e 2018.

Inflação alimentar. Em 2018, os preços dos alimentos no Quirguizistão aumentaram 4,20% em comparação com o ano anterior. De 2003 a 2018, a inflação alimentar no Quirguizistão foi, em média, de 6,79%.

Balança comercial. Em 2018, o défice comercial era de 306,40 milhões de dólares. A balança comercial do Quirguizistão entre 1993 e 2018 foi em média de 110,72 milhões de dólares.

Conta corrente. Em 2018, o défice da balança de transacções correntes ascendeu a 237,40 milhões. USD. A conta corrente no Quirguizistão de 2007 a 2018 foi, em média, de 216,06 milhões de dólares.

Formação bruta de capital fixo. Em 2018, ascendia a 38.551,50 milhões de somoni. A formação bruta de capital fixo no Quirguizistão de 2008 a 2018 atingiu uma média de 29.895,45 milhões de almas.

Produto Interno Bruto per capita. Em 2018, era de $ 1.087,20. O Quirguizistão tem um PIB per capita médio de 9%. De 1986 a 2018, o PIB per capita no Quirguizistão ascendeu a 838,18 dólares.

Taxa de juro. O Banco Nacional da República do Quirguistão fixou a taxa de juro em 2018 em 4,25 por cento. As taxas de juro no Quirguistão de 2011 a 2018 foram em média de 6,27%.

Reservas de divisas. Em 2018, foram 2.350,00 milhões de dólares.

Exportação. Em 2018, as exportações para o Quirguizistão ascenderam a 170,40 milhões de dólares. As exportações para o Quirguizistão entre 1993 e 2018 atingiram uma média de 94,22 milhões de dólares.

Importar. Em 2018, as importações para o Quirguizistão ascenderam a 420,80 milhões de dólares. As importações para o Quirguizistão entre 1993 e 2018 atingiram em média $ 204,95 milhões de dólares.

Reservas de ouro. Em 2018, aumentou para 14,37 toneladas. As reservas de ouro no Quirguizistão de 2000 a 2018 foram em média de 3,89 toneladas.

Produção de petróleo bruto. Em 2018, representou 1 BBL / D / 1K. A produção de petróleo no Quirguizistão de 1994 a 2018 foi em média 1,37 BBL / D / 1K.

Dívida externa. Em 2018, ascendia a 8449,50 milhões de almas. A dívida externa do Quirguistão foi em média de 5.537,41 milhões de soums de 2003 a 2018, atingindo sempre 8.441,50 milhões de somoni.

Investimento directo estrangeiro. Em 2018, foi de 118 milhões de dólares. O investimento directo estrangeiro no Quirguizistão entre 2010 e 2018 foi em média de $ 143,62 milhões.

Turismo. O número de turistas aumentou para 1375,40 mil em 2018 e 1375,10 mil em 2017. O número médio de turistas que visitaram o Quirguizistão de 2001 a 2018 ascendeu a 932,02 mil pessoas.

Receitas governamentais. Em 2018, ascendeu a 111720202,80 mil soums. As receitas governamentais de 2010 a 2018 ascenderam em média a 55624144,47 mil soums.

Dívida pública. Em 2018, ascendia a 3.792,60 milhões de dólares. A dívida pública do Quirguizistão atingiu em média $ 4.080,60 milhões de dólares entre 2006 e 2018.

Despesas financeiras. Em 2018, aumentou em 85115587,60 mil soums. As despesas orçamentais no Quirguizistão entre 2012 e 2018 foram em média de 6.433.9222,66 mil soums.

Despesas governamentais. Em 2018, ascendia a 33.199,50 milhões de somoni. As despesas públicas no Quirguizistão entre 2008 e 2018 foram em média de 34.078,80 milhões de somoni e atingiram 90.482,10 milhões de somoni.

Despesas Militares. Em 2018, atingiu 118 milhões de dólares. As despesas militares no Quirguizistão foram em média de 66,83 milhões de dólares entre 1992 e 2018. Fonte: SIPRI

Taxa de imposto sobre as vendas. Em 2018, era de 12 por cento.

Produção industrial. Em 2018, a produção industrial no Quirguizistão aumentou 12,90%. De 1999 a 2018, a produção industrial no Quirguizistão foi em média de 5,38%.

Velocidade da Internet. Em 2018, era de 3800,45 Kb / s. A velocidade da Internet no Quirguizistão de 2007 a 2018 era em média de 1991,50 Kbps.

Stocks de bens detidos por empresas. Em 2018, ascendeu a 3.092,66 milhões de somoni. As alterações de stocks no Quirguizistão de 2008 a 2018 atingiram uma média de 2.435,74 milhões de sopas.

Corrupção. Segundo o Índice de Percepções de Corrupção de 2018 da Transparency International, o Quirguizistão é o país menos corrupto entre 175 países. O nível médio de corrupção no Quirguizistão entre 1999 e 2018 foi de 139,47.

Nível de competitividade. No ranking de 2018 do Relatório de Competitividade Global publicado pelo Fórum Económico Mundial, o Quirguizistão é o país mais competitivo em 96 dos 140 países do mundo. O nível de competitividade do Quirguizistão entre 2007 e 2018 foi em média de 113,23. Fonte: Fórum Económico Mundial.

Questões de controlo:

1. Descrever a história da formação do estado da República do Quirguizistão.
2. Avaliar a localização geográfica do Quirguizistão.
3. Que recursos naturais possui o país?
4. Como surgiu a história da população do país?
5. Comparar a população da república com outros países vizinhos?
6. Em que indústria se especializa o país?

República do Turquemenistão

Plano:

1. Localização geográfica natural e económica e fronteiras do Turquemenistão.

2. Condições e recursos naturais do Turquemenistão.

3. A economia do Turquemenistão e a sua descrição geral.

A 27 de Outubro de 1991, o Turquemenistão tornou-se independente. O Dia da Independência (27 de Outubro) é um feriado nacional. Área - 488 mil km2. A população em 2018 era de 5,9 milhões de habitantes. Em 1960, o país contava com uma população de 1,6 milhões de habitantes. Prevê-se que a população do Turquemenistão atinja 7,30 milhões em 2021. Na composição nacional, os Turkmenistaneses constituem a maioria (72%). Além disso, há 9,5% de russos, 9% de uzbeques, 25% de cazaques, 1,1% de tártaros, 1% de ucranianos, azerbaijaneses, arménios, judeus e outros. 45% da população vive na cidade. As maiores cidades são Ashgabat, Tedjen, Chorjoi, Mari, Turkmenbashi e outras. Desde a independência do Turquemenistão, muitos europeus emigraram. A população do Turquemenistão está localizada principalmente nas regiões sul, leste e oeste do país. A população é do tipo oásis e em forma de fitas. Os uzbeques vivem principalmente na região de Toshovuz.

O Turquemenistão está localizado na parte sudoeste da Ásia Central, entre o Mar Cáspio e o Amu Darya. É o quarto maior país da CEI (depois da Rússia, do Cazaquistão e da Ucrânia). É o segundo maior da Ásia Central (depois do Cazaquistão). A capital é Ashgabat. A densidade populacional é de 10,0 pessoas por 1 km2. (8,5% da população da Ásia Central vive). A república faz fronteira com o Cazaquistão a norte, o Uzbequistão a nordeste, e o Afeganistão e o Irão a sul. A oeste, o Mar Cáspio. O Turquemenistão tem a fronteira mais meridional da CEI (Chil-Dukhtaron).

Figura 27 Mapa político e administrativo do Turquemenistão

A república é um país agrário industrial, a base da sua economia é a indústria. Participa na divisão internacional do trabalho através da produção de petróleo e gás e da cultura do algodão. O Turquemenistão exporta mais petróleo e produtos petrolíferos, sulfato de sódio, electricidade, matérias-primas de cimento, óleo de semente de algodão, melões, e couro de astrakhan. Máquinas e equipamentos para a indústria petrolífera são também vendidos no estrangeiro.

Nos tempos antigos, este país fazia parte de Margiana, Parthia, Media, Bactria e nos séculos VI-4 a.C. como parte dos Aquemenídeos iranianos, sob o Império Macedónio. No início do século os hunos, no século VI o Khanato Turco, no século VII os árabes, os Oghuzs, os Karahitays, os Khorezm Shahs, os Mongóis, os Timúridos, os Khanates, durante muitos anos estiveram sob influência iraniana, e no século XIX o povo Bukhara foi expulso.

Na segunda metade do século XIX, os russos começaram a ocupar o território. Petrovsk, Alexandrovsk, Krasnovodsk (Turkmenbashi) foram construídos. O país foi rapidamente assimilado, o que o povo não gostou. Muito algodão foi plantado, a terra foi desenvolvida e a água foi bombeada para fora. Foram construídos moinhos de algodão e de óleo. Em 1924, foi formada a SSR Turquemena. Durante a Segunda Guerra Mundial, muitas fábricas, cativos, e povos de língua russa foram aqui evacuados. A economia do país começou a deteriorar-se na década de 1980. Tem sido sempre um país remoto para o Centro. Tornou-se independente nos anos 90. Os dias 27-28 de Outubro de 1991, e 12 de Dezembro de 1995 foram declarados Dia da Neutralidade. O país está dividido em 5 regiões: Akhal, Balkan, Tashkhovuz, Lebop, Mari e estão divididas em distritos.

Quadro 10. Divisão territorial do Turquemenistão

№	Nome uzbeque	Nome turcomeno	Número de distritos	Centro administrativo	Território km²
1	Ashxabod	Aşgabat			470
2	Ahal viloyati	Ahal welaýaty	8	Ruhobod	97 160
3	Bolqon viloyati	welaýaty balcýano	6	Bolqonobod	139 270
4	Dashoguz viloyati	Daşoguz welaýaty	8	Dashoguz	73 430
5	Lebap viloyati	Lebap welaýaty	13	Turkmanobod	93 730
6	Mari viloyati	Mary welaýaty	11	Mari	87 150
E é tudo			46		491 210

As condições naturais e a estrutura da superfície do Turquemenistão são muito diversas. O terreno é planície baixa, sedimentos, grandes desertos, depressões intermontanhosas, montanhas até 3.000 metros de altura. O deserto de Karakum cobre 80% do seu território e estende-se por 450 km de norte a sul e 880 km de oeste a leste. As regiões montanhosas situam-se nas partes sul e sudeste do país, ocupando cerca de 8% do território (sistema montanhoso Turquemeno-Khurasan). por cento. Pode observar-se que uma grande parte da república é constituída por planícies, descendo de leste para oeste (o Mar Cáspio). A maior parte da planície está 0-200 metros acima do nível do mar, com as planícies do Cáspio e o lago Sariqkamish abaixo do nível do mar. O ponto mais baixo é Oqjaksay - 81 mln. é formado.

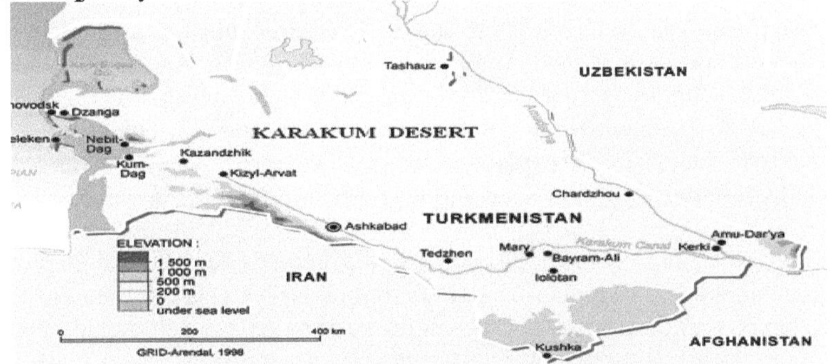

Figura 28. Mapa natural do Turquemenistão

O clima da república é árido continental. Os Invernos são quentes e os Verões são quentes e secos. O calor do clima permite o cultivo de culturas

73

subtropicais. A baixa pluviosidade leva a uma baixa pluviosidade nas montanhas. Por conseguinte, os rios são pequenos e menos húmidos.

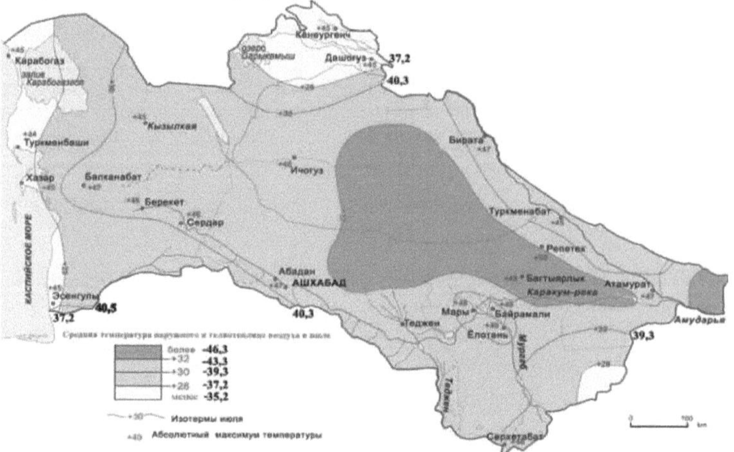

Figura 29. Mapa climático do Turquemenistão

Oitenta por cento do território do Turquemenistão não tem água corrente. Os rios encontram-se principalmente apenas nas regiões do sul e leste. O maior rio é o Amudarya, que corre através da parte oriental da república. Pequenos rios incluem o Murgab, Tajan, Atrek e outros. A água dos rios Murgab e Tajan será utilizada para irrigação. O rio Atrek desagua no Mar Cáspio. As águas subterrâneas são de grande importância no pastoreio. A maior parte dos lagos são lagos salgados.

A riqueza dos recursos minerais da República do Turquemenistão permite o desenvolvimento integrado da economia. Vários minerais tais como gás natural e petróleo, ozocerite, calcário, gesso, granito, mirabilite (sal de glauber), tijolos e cimento foram encontrados no território da república. A república é especialmente rica em combustíveis e recursos energéticos. O país é o segundo maior produtor de gás na CEI (depois da Rússia). A república está dividida em sete regiões de petróleo e gás: Turquemenistão Ocidental, Karakum Central, Beurde Khiva, Chorjoi, Orgaunguz, Murgab, Badkhiz-Karabel. A região de petróleo e gás do Turquemenistão Ocidental está localizada nas terras baixas do Turquemenistão Ocidental. Os maiores campos de petróleo e gás natural são Cheleken, Qoturtepa, Nebitdog, Kumdog, Kyzyl-Kum, Erdekli, Okarem, Eymir e outros.

Na região de gás de Karakum Central existem campos de gás como Darvoza, Zeagli, Koyun, Midar. A região de gás de Beurda-Khiva está dividida em três distritos: Noip, Gishtli e Beurda. Os maiores campos de gás são Achak, Naip, Gishtli, Naip Norte e Sul e Bashkapar. Os principais campos de gás na região de Chorjoy são Gugurtli, Gugurtli Norte, Sakar, Somontepa, Farob, Narazim. Na região de gás de Murgab, Shatlik, Dauletabad, Donmez, Bayramali, Kelif, Sharopli, Tedjen, Seyrob e outros. Campos de gás como Karabel, Islamismo,

Karagop foram descobertos na região de gás de Badkhiz-Karabel. Também foram descobertos jazigos de carvão no país. Os principais são as jazidas de linhite Tuarqir, Yagmon e Kokhitang, que não são extraídas devido ao elevado custo de produção.

Existem poucos minérios de ferro no país, apenas depósitos de zinco e chumbo são encontrados nas montanhas de Kokhitang. Também foram encontrados metais não ferrosos em Kopetdag Ocidental, mas são de pouco significado industrial. A República do Turquemenistão é rica em matérias-primas químicas. Possui grandes reservas de enxofre, iodo, bromo, ozokerite, sal de mesa, sal de potássio, sulfato, sódio, sais de magnésio.

Actualmente, o maior depósito de enxofre do país é o Gourdog. O enxofre de Gourdog é a principal matéria-prima para a fábrica de superfosfato de Chorjoi. Grandes águas iodobrómicas foram encontradas na Península Cheleken e Nebitdog. Com base nelas, foram lançadas as plantas de iodobromina Cheleken e Nebitdog. O Estreito do Mar Negro da República é um importante centro de sais minerais. Grandes quantidades de sais minerais são extraídas aqui. O Turquemenistão é rico em matérias-primas de construção. As principais matérias-primas de cimento estão localizadas em Bahardin, Grande Balkhan, Bezmein (Fábrica de Cimento de Bezmein). Há também muita areia de quartzo na região. Estas formam a base da indústria vidreira. O país é rico em recursos terrestres, mas a falta de recursos hídricos torna difícil a sua utilização. O fundo de terra é de cerca de 49 milhões de hectares, dos quais 6-7 milhões de hectares podem ser irrigados e cultivados. Hoje em dia, apenas 1 milhão de hectares são irrigados. Devido ao facto de o terreno da região ser na sua maioria plano, não é difícil construir empresas industriais. Os desertos são utilizados como pastagens para o gado.

Juntamente com novas indústrias - refinação de petróleo, gás, química, maquinaria, as antigas indústrias - extracção de petróleo, metalurgia, descaroçamento de algodão e outras - são desenvolvidas no país. O complexo de combustíveis e energia, a indústria ligeira, a construção de máquinas e os complexos agro-industriais são especialmente importantes no país. De acordo com ele, o turismo também se desenvolve no país. Complexo de combustível e de energia. O petróleo é extraído da parte ocidental da república. O petróleo extraído é entregue ao Turkmenbashi através de oleodutos. Parte do petróleo importado é exportado por via marítima, enquanto que outra parte é processada em refinarias locais. O fuelóleo e o gás associado da central são utilizados como combustível em centrais térmicas. Outra parte dos produtos petrolíferos é também exportada.

Na parte oriental da república, existe uma refinaria de petróleo construída nos anos 80 em Seydi, perto de Charjay. O gás é extraído em quase todas as províncias por algumas dezenas de soms (excluindo Tashovuz). A maior parte do gás é exportado através do gasoduto principal da Ásia Central - Ásia Central. Parte dele é utilizado para as necessidades da república. (Em centrais térmicas) Foi construído em Mari um gasoduto MARY GRES, alimentado a gás. Além disso, a cidade lançou a produção de fertilizantes azotados à base de gás natural. Foram formados ciclos de produção de petróleo, gás e energia química no país com base em campos de petróleo e gás. Contudo, uma vez que a maior parte do petróleo e gás é exportada, a parte inicial do ciclo de produção de energia está bem desenvolvida. A produção de plásticos de alta tecnologia e a química de polímeros estão relativamente subdesenvolvidos.

A indústria metalúrgica (ferrosa e não ferrosa) está subdesenvolvida na República do Turquemenistão. As empresas da indústria metalúrgica produzem máquinas e equipamentos para a indústria petrolífera (Ashgabat Oil Machinery, Mari Machine-Building Plant) e para a indústria alimentar. Além disso, engenharia eléctrica (Ashgabat), serviços ao consumidor (fogões a gás), construção naval (Ashgabat). Chorjoy) processamento de metais e manutenção de maquinaria agrícola.

A indústria de materiais de construção no país está também a desenvolver-se com base em matérias-primas de construção locais. As maiores matérias-primas de cimento do país encontram-se nos contrafortes do Kopetdag, do Grande Balkhan e do Nebitdog. A maior fábrica de cimento da Ásia Central foi lançada com base no cimento Bezmein. A indústria ligeira é um dos principais sectores da economia da república. Dois terços da indústria ligeira é constituída por tecidos de algodão. Quase todo o algodão cultivado no país é processado em fábricas de fiambre. A indústria ligeira da república está bem desenvolvida: - têxteis, costura, tecelagem de seda, lã, tapetes, malhas, calçado, etc. A produção de couro de astrakhan é também importante. O país desenvolveu tapetes tecidos à mão, cujos maiores centros são Ashgabat, Gasan-Kuli, Nebit-Dog, Bahorden, Kyzyl-Arvat, Mari, Toshovuz e outros.

A indústria alimentar produz muitos bens de consumo. O país tem uma produção bem estabelecida de conservas de legumes, frutas, carne, lacticínios e peixe. A produção de óleo de algodão no país é desenvolvida nas cidades de Charjay, Dashoguz, Bayram-Ali. Existem grandes instalações de processamento de carne em Ashgabat, Mari, Chorjay e Turkmenbashi.

O Turquemenistão desenvolveu a agricultura irrigada, bem como o pastoreio no deserto. O algodão é a base das culturas agrícolas. Existem 1 milhão de hectares de terras irrigadas no país, principalmente ao longo do Canal de Karakum. Produz 50% do algodão do país e quase 100% de algodão de grão fino. O algodão é cultivado na maioria das zonas das regiões de Mari, Charjay e Dashoguz. Nos últimos anos, a produção de grãos, frutos e uvas tem vindo a crescer no país.

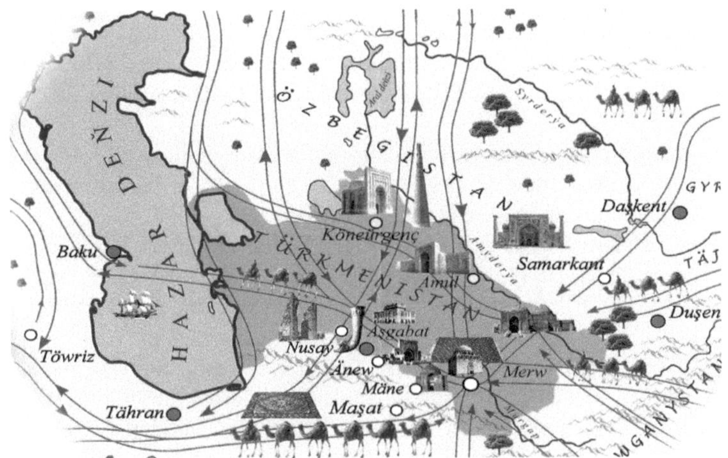

Figura 30. Mapa turístico do Turquemenistão

A pecuária também está bem desenvolvida no país. A indústria líder é a criação de ovinos, principalmente ovinos karakul. As regiões desérticas da república são pastos para ovelhas. A criação de gado bovino, camelos e cavalos (raça Oxoltekin) são também importantes sectores pecuários na república. A criação de gado bovino é especializada na produção de lacticínios e de carne na república. A criação típica de gado do deserto é a criação de camelos. A carne de camelo, pele e transporte são utilizados para o transporte. Turkmenbashi e Ashgabat, em particular, são responsáveis pela maioria dos camelos (50%). A criação de cavalos, tal como a criação de camelos, é utilizada para a carne, leite e transporte. Cavalos de raça como o oxol-tekin (Iomud) são criados na república. Estes cavalos são também bastante populares em países estrangeiros. Os cavalos oxoltekin são criados principalmente nas regiões de Mari e Ashgabat. Estes cavalos são muito ágeis e resistentes a muitas áreas. Os cavalos Iomud são utilizados principalmente para o transporte. São alimentados principalmente nas regiões Turkmenbashi e Dashoguz. Além disso, a apicultura e a criação de bichos-da-seda são também importantes no gado da república.

YaIM. Em 2018, o produto interno bruto (PIB) do Turquemenistão ascendia a 40,76 mil milhões de dólares americanos. De 1987 a 2018, o produto interno bruto do Turquemenistão foi, em média, de 14,08 mil milhões de dólares.

Conta corrente do PIB. Em 2018, o Turquemenistão registou um défice da balança de transacções correntes de 8,20 por cento do PIB. A balança corrente do PIB do Turquemenistão entre 1998 e 2018 atingiu uma média de 8,15%.

Dívida pública no PIB. No Turquemenistão, em 2018, a dívida pública ascendia a 29,30% do PIB do país. De 1997 a 2018, a dívida pública no Turquemenistão era, em média, de 21,31% do PIB.

Taxa de desemprego. Em 2018, era de 3,30 por cento.

Taxa de inflação. Em 2018, era de 6,50 por cento. De 1997 a 2018, a taxa de inflação no Turquemenistão foi em média de 11,99 por cento.

Balança comercial. Em 2018, o volume de negócios comercial no Turquemenistão ascendeu a 2886,58 milhões. USD. De 1992 a 2018, a balança comercial do Turquemenistão atingiu uma média de 874,39 milhões de dólares. USD.

Conta corrente. Em 2018, a conta-corrente no Turquemenistão será de 1171 milhões. Registou um défice de US $. A conta corrente no Turquemenistão de 1996 a 2018 foi em média de 484,83 milhões de dólares.

Produto Interno Bruto per capita. O PIB per capita do Turquemenistão em 2018 ascendia a 7647,90 dólares americanos. O PIB per capita do Turquemenistão é de 61% da média mundial. De 1987 a 2018, o PIB per capita do Turquemenistão era em média de 3.747,91 dólares americanos.

Produto Interno Bruto per capita. O PIB per capita do Turquemenistão em 2018 ascendia a 17.129 dólares americanos. O produto interno bruto (PIB) per capita do Turquemenistão é de 96 por cento da média mundial em termos de paridade de poder de compra. De 1990 a 2018, o PIB per capita do Turquemenistão ascendeu a 8.596,11 dólares norte-americanos.

Taxa de desemprego. Caiu de 3,40% em 2017 para 3,30% em 2018. De 1991 a 2018, a taxa de desemprego no Turquemenistão era em média de 8,68 por cento.

Homens em idade de reforma. Permaneceram inalterados de 62 em 2018 para 62 em 2019. Mulheres em idade de reforma. Em 2018, a idade de 57 anos permaneceu inalterada em 2019.

Balança comercial. Em 2018, o volume de negócios do comércio atingirá 2886,58 milhões. USD. De 1992 a 2018, a balança comercial do Turquemenistão atingiu uma média de 874,39 milhões de dólares. USD.

Exportação. As exportações para o Turquemenistão aumentaram em 9.809,20 milhões de dólares em 2018 e em 7.457,53 milhões de dólares em 2017.

Importar. As importações para o Turquemenistão caíram para $ 2.254,56 milhões em 2018 e $ 4.570,95 milhões em 2017. De 1992 a 2018, o Turquemenistão recebeu uma média de $ 3.838,30 milhões de dólares.

Produção de petróleo bruto. Em 2018, era 245 BBL / D / 1K. A produção de petróleo no Turquemenistão de 1994 a 2018 foi em média de 174,05 barris / d / 1K.

Dívida externa. Aumentou para $ 907.329,37 mil dólares em 2018 e $ 781.324 mil dólares em 2017. A dívida externa do Turquemenistão de 1993 a 2018 foi em média de $ 1115.591,78 mil dólares.

Despesas governamentais. Subiu de 3,57 mil milhões de dólares em 2017 para 3,80 mil milhões de dólares em 2018. As despesas governamentais no Turquemenistão de 1990 a 2018 foram em média de 1,77 mil milhões de dólares.

Taxa de imposto. Em 2018, a taxa de imposto sobre as vendas no Turquemenistão será de 15%. A taxa de imposto sobre as vendas no Turquemenistão de 2014 a 2018 foi, em média, de 17 por cento.

Velocidade da Internet. Em 2018 era de 3624,90 Kb / s, em 2017 era de 2623,97 Kb / s. e um recorde de 111,49 Kb / s em 2008.

Corrupção. De acordo com o Índice de Percepções de Corrupção de 2018 da Transparency International, o Turquemenistão é o país menos corrupto de entre 175 países. O nível médio de corrupção no Turquemenistão entre 2004 e 2018 foi de 161,20. O valor mais alto em 2011 foi de 177 e o mais baixo em 2004 foi de 133.

Custos para o consumidor. Aumentou para 4,63 mil milhões de dólares em 2018, de 4,99 mil milhões de dólares em 2017 para 4,69 mil milhões de dólares. As despesas dos consumidores no Turquemenistão de 1990 a 2018 foram em média de 5,06 mil milhões de dólares.

Questões de controlo

1. Descrever a localização geográfica do Turquemenistão?
2. Qual é a composição do estado do Turquemenistão?
3. Avaliar as condições naturais do país?
4. Em que recursos naturais o Turquemenistão é rico e qual o seu papel no desenvolvimento económico do país?
5. Indicar a população do país e as características da sua localização?

República do Tajiquistão

Plano:

1. 1. Localização geográfica natural e económica e fronteiras do Tajiquistão.
2. 2. Condições e recursos naturais do Tajiquistão.
3. 3. A economia do Tajiquistão e a sua descrição geral.

A 9 de Setembro de 1991, o Tajiquistão declarou a sua independência e declarou este dia como feriado nacional - Dia da Independência. Área - 143 mil km2. A população em 2018 era de 9,4 milhões de habitantes. Olhando para trás, em 1960, havia 2,1 milhões de pessoas no Tajiquistão. Faz fronteira com o Afeganistão (1206 km) no sul, Uzbequistão (1161 km) no norte e oeste, Quirguizistão (870 km) no norte, e China (414 km) no leste. O comprimento total das fronteiras é de 3651 km.

Figura 31. Mapa político do Tajiquistão

A localização geográfica económica da República do Tajiquistão (OIG) é única. Está localizada no extremo sudeste da Ásia Central, e foi trazida para esta república durante a antiga União Soviética, para que as estradas não passassem por ela para outras regiões e repúblicas. Nos anos actuais da independência, a capacidade da República para comunicar unilateralmente com o resto do mundo coloca grandes desafios económicos e políticos. O terreno montanhoso elevado do Tajiquistão e dos países vizinhos coloca também grandes desafios na manutenção de relações multifacetadas com as suas regiões interiores e países vizinhos. Em particular, só pode ligar-se com o resto do mundo através das estradas que atravessam o Uzbequistão. A estrada também liga o norte e o sul do Tajiquistão, e ainda é inacessível à China e ao Afeganistão vizinhos por caminhos-de-ferro e auto-estradas modernas. Devido à sua localização geográfica política desfavorável, o vizinho Afeganistão tem sido o centro da agitação internacional, do terrorismo, do extremismo religioso, e da nossa fundação islâmica. Isto mostra que a OIG do Tajiquistão é muito desconfortável. Naturalmente, estas características da OIG criaram problemas adicionais no desenvolvimento da economia da república.

A estrutura administrativa e política do Tajiquistão inclui a República Autónoma de Gorno-Badakhshan, Sogd, oblastos de Khatlon e distritos do Vale de Gissar, que estão subordinados ao centro da república. O território do actual Tajiquistão m.a. No século VI, tornou-se parte do Estado Aqueménida, m.a. No século IV, tornou-se parte do Império Alexandre macedónio, m.a. A partir do século III, Greco-Bactria passou a fazer parte do Estado de Kushan. No século VIII, o território do actual Tajiquistão foi invadido pelos árabes. Nos séculos IX-X, estes territórios pertenciam ao estado samânida, no século XII ao estado de Khorezm, no século XIII ao estado mongol, na segunda metade do século XIV a Timur e ao estado timúrida. Do século XVI à segunda metade do século XIX, fez parte do Bukhara Khanate (Emirado). Em 1868, o Império Russo ocupou os territórios do actual Tajiquistão. Após o golpe de 1917, o poder soviético foi restaurado no Tajiquistão. Desde 1924, a URSS tajique faz parte da URSS uzbeque. O Tajiquistão ganhou o estatuto da URSS em 1929, e após ter conquistado a independência em 1991, o Tajiquistão tem estado no caminho da construção de uma sociedade democrática.

O centro político e social do Tajiquistão é Dushanbe, com uma população de mais de 600.000 habitantes. A república é a mais pequena da Ásia Central, a 8ª da CEI e a 91ª do mundo. É a terceira região mais populosa da região, a sexta maior da CEI e a 95ª maior do mundo.

As características das condições naturais estão principalmente ligadas ao seu relevo. Faz fronteira com os vizinhos Quirguizistão, China e Afeganistão por montanhas altas e declives íngremes e barrancos e rios, razão pela qual os laços económicos do Tajiquistão com estes países são agora tensos. quase nunca é realizado directamente da sepultura. O seu acesso ao mundo só é possível através do Uzbequistão.

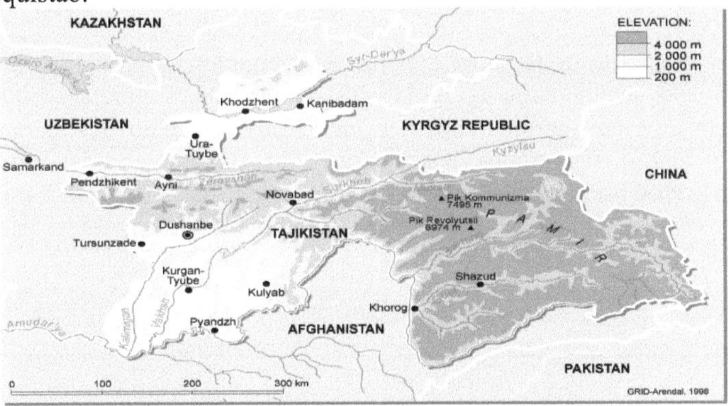

Figura 32. Mapa natural do Tajiquistão

Está também principalmente relacionada com o alívio do Tajiquistão. Em geral, o território da república é ocupado principalmente pelas montanhas mais altas da Ásia Central, que pertencem aos sistemas montanhosos de Pamir e Alay. Nomeada "Telhado do Mundo" pela sua altura, as montanhas de Pamir são as maiores de entre elas (7495 m). Apenas no sul e norte do Tajiquistão se situam em contrafortes relativamente planos e vales intermontanhosos com uma altura de 350-800 mm.

Estas áreas, onde a população é a principal actividade, constituem apenas 7-8% da área total da república. Ocupa mais de metade da área acima da altitude central de 3.000 m. Naturalmente, a esta altitude, a população quase não vive. Uma das características importantes do estado geológico é o grau de sismicidade intensiva. Os frequentes terramotos, desabamentos e deslizamentos de terras causam danos significativos à economia do país.

É sobretudo quente nas planícies do sul do Tajiquistão. Os Verões são quentes e contínuos, a temperatura central t ° + 28 ° -30 °, e os Invernos oscilam em torno de + 1 °. Nesta parte do clima subtropical árido, as culturas agrícolas mais amantes do calor são cultivadas. Nas montanhas, à medida que a altitude aumenta, diminui 1 ° no Verão e no Inverno, e a quantidade de precipitação diminui. Em particular, a quantidade de precipitação varia entre 400-600 mm nas terras altas e 1600 mm nas terras altas dos Pamirs orientais. Por conseguinte, muitos grandes glaciares de montanha permanentes, incluindo o maior glaciar Fedchenko do mundo, estão localizados nestas montanhas. Por sua vez, são a nascente dos principais rios (Amudarya e os seus afluentes), que são a fonte de vida não só no Tajiquistão, mas também noutras repúblicas da Ásia Central.

Tal como o vizinho Quirguizistão, os recursos naturais do Tajiquistão são o seu recurso natural mais importante, os seus recursos hidroeléctricos. Fica atrás apenas da Rússia em termos de reservas energéticas totais. Apesar da sua pequena dimensão, o Tajiquistão representa mais de 60% do total das repúblicas da Ásia Central, grandes rios e reservas hidroeléctricas (300 mil milhões de kWh). Naturalmente, este é um número enorme. De notar que actualmente apenas mais de 5% deste número foi dominado. As principais fontes são Panj, Vakhsh, Zarafshan.

Todos os grupos de recursos minerais se encontram na república. Existem mais depósitos de lenhite entre os combustíveis e os recursos minerais. Entre eles estão os depósitos de Shurob (lenhite) e Fan-Yongob (carvão). Os campos de petróleo só foram encontrados nos distritos do Baixo Vale de Vakhsh e Konibodom. Mas são jazidas muito menos poderosas. Recursos minerais importantes são os polimetais, tungsténio, antimónio, ouro, nefelina, estanho, vários metais não ferrosos dispersos.

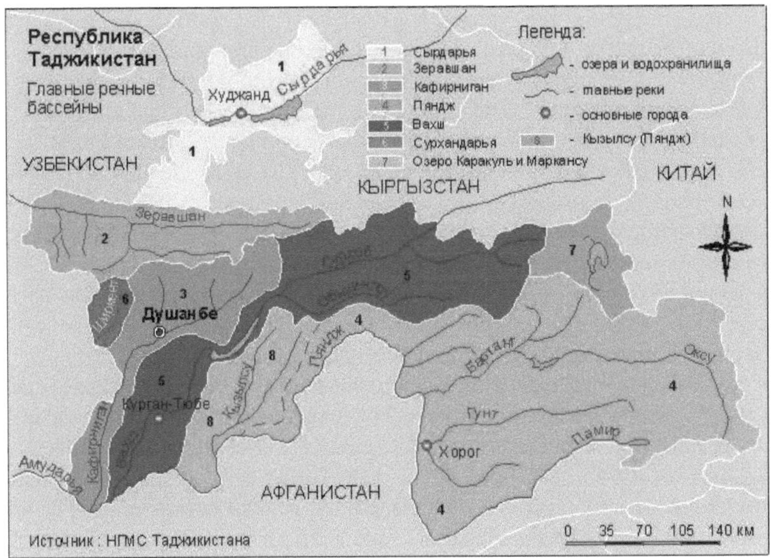

Figura 33. Mapa dos rios do Tajiquistão

Destes, o depósito polimetálico de Karamazor no norte do Tajiquistão e o depósito polimetálico de Takob no sul do Tajiquistão são actualmente utilizados na economia nacional. Até à data, foram descobertos e postos em funcionamento 28 depósitos de ouro no país. Mais importante ainda, no norte do Tajiquistão, estão a ser efectuados trabalhos em grande escala nos campos de Jilau, Taror, Chore, Shoxbas Kum-Manor, no vale de Zarafshan. O depósito de antimónio de Koyali no norte do Tajiquistão tem reservas de antimónio de 50% na CEI. Além de chumbo e mercúrio, existem 214 outros minerais na região de Sughd, incluindo chumbo-zinco (16 depósitos), cobre e bismuto (3), tungsténio e molibdénio (1), estrôncio (2), ferro (3), ouro (15), prata (7), carvão (11), petróleo e gás (11) e outros depósitos. A república é muito mais rica em sais do que em recursos minerais químicos. O depósito de sal-gema de Muminabad na região de Khatlon é um dos maiores da Ásia Central. A geografia dos materiais minerais de construção é muito vasta e diversificada. Cimento, matérias-primas de vidro, materiais de decoração e rubis de cor rara ("Lali Badakhshan") são de especial importância. O Tajiquistão é também rico em vários recursos recreativos: níveis muito diferentes de mineralização, águas minerais quentes (+ 38 graus a 96 graus) ou frias, lamas terapêuticas curam mil e uma enfermidades. Finalmente, uma floresta única, paisagens montanhosas com a sua própria vegetação, ar fresco, rios e riachos de fluxo rápido atrairão muitos adeptos do alpinismo, alpinistas. Dada a sua importância na arena internacional, não é difícil compreender o seu papel futuro na economia da república.

O Tajiquistão tem a terceira maior população da Ásia Central (depois do Uzbequistão e do Cazaquistão). O período de elevado crescimento natural da população na república foi 1979-80. Durante estes anos, a república foi o líder na antiga União Soviética em termos de crescimento natural da população. Discordâncias recentes no país tiveram também um impacto negativo no crescimento natural da população. O Tajiquistão, tal como outros Estados da Ásia Central, tem um grande número de crianças. A maioria das famílias ainda tem 5-6 filhos. A análise da composição sexual e etária da população mostra que 42% da população tem idades compreendidas entre os 0-14 anos devido ao elevado crescimento natural. A proporção de rapazes neste grupo etário é de 50,4%. As raparigas representaram 49,6%, e a população com idades compreendidas entre os 15 e os 64 anos representou 54%, dos quais as mulheres representaram 50,2% e os homens 49,8%, e as pessoas com mais de 65 anos representaram 4% da população total. . Entre eles, o número de mulheres é elevado (56,9 por cento). A nível nacional, homens e mulheres são quase iguais (49,8 e 50,2).

A república é um país multi-étnico com uma grande população étnica tajique. 64,9% da população são tajiques, 25% uzbeques, 5% russos, 2% tatares e outros. A população da região é muito desigual. A maior parte da população da república está localizada nos vales de Vakhsh, Gissar e Fergana, que consistem em planícies baixas e barrancos. A densidade populacional nessas zonas é de 400-500 pessoas por 1 km2. As pessoas têm vindo a irrigar e a cultivar aqui desde os tempos antigos. A distribuição desigual da população é grandemente influenciada pela sua orografia. 90% do território da república é montanhoso e montanhoso, localizado acima dos 1000 m acima do nível do mar. A gestão em zonas montanhosas e montanhosas é difícil. Os endereços populacionais são também baixos. A densidade aqui é de 1-2 pessoas por km2.

A maioria dos uzbeques do país vive na região de Sughd (Leninabad), no Vale de Fergana. Quarenta por cento da população é uzbeque. Os tajiques vivem em todo o país, os russos vivem em grandes centros industriais, e os quirguizes vivem principalmente em pastos de montanha.

O país tem o nível mais baixo de urbanização da Ásia Central, com cerca de 36 por cento da população a viver em cidades. As maiores cidades são Dushanbe, Khojand, Tursunzoda, Qurghonteppa e outras. As principais cidades da república são pequenas cidades com uma população de até 50.000 pessoas. Nos últimos anos, estão a ser criadas novas empresas industriais nas cidades. Devido ao elevado crescimento natural da população, esta é rica em recursos de mão-de-obra. A maioria da população do país é constituída por jovens capazes. No entanto, a utilização eficiente dos recursos de mão-de-obra no país não está totalmente regulamentada. Muitas povoações, especialmente nas regiões montanhosas do país, têm um grande número de pessoas desempregadas. A maioria deles são mulheres e jovens. Atrair a população para cocktails úteis é um dos problemas actuais aqui.

A população da República do Tajiquistão foi a que mais cresceu na CEI no século XX. Cresceu 6,5 vezes nos últimos cem anos. Uma das características demográficas mais importantes da população é o facto de a taxa de crescimento natural ser a mais elevada da região. A composição nacional da população também contribui para a elevada taxa de crescimento natural no Tajiquistão. Em 2016, 79,9% da população eram tajiques, 15,3% uzbeques, 1,1% russos, 1,1%

quirguizes, e os restantes eram de outras nacionalidades (de acordo com dados oficiais, existem 55 nacionalidades no país). Esta é a taxa mais baixa da região). Por outras palavras, cerca de 97% da população do Tajiquistão é indígena e tem tido tradicionalmente uma elevada taxa de crescimento natural. A densidade média da população é de 43 pessoas por km2. No entanto, 85% vive em 1/10 do território total da república. No vale densamente povoado da parte norte do Tajiquistão, a densidade média é de 100-150 pessoas, e nos vales de Gissar e Vakhsh, 30-100 pessoas. Pelo contrário, as áreas mais escassamente povoadas são Gorno-Badakhshan. A densidade média da população é de uma pessoa por 1 km2. Há um total de 19 cidades e 48 vilas. A maior cidade é Dushanbe, a capital da república, com uma população de cerca de 650.000 habitantes. Khojand tem uma população de 162.800 habitantes. Nas outras cidades, a população é inferior a 150.000 habitantes, são cidades centrais e pequenas.

A situação demográfica no Tajiquistão significa que menos de 50% da população está empregada. Pelo contrário, a percentagem de pessoas em idade activa é muito mais elevada. Do total de empregados, 20% trabalham na indústria e 46,8% na agricultura (a mais elevada da região). Em geral, a república está bem dotada de recursos de mão-de-obra. A indústria líder na indústria é a transformação de produtos agrícolas - descaroçamento, seda, petróleo, conservas e outros. Este sector está particularmente bem estabelecido na parte norte do país, no Vale de Fergana e nos arredores de Dushanbe. A produção de fertilizantes minerais relacionados com a agricultura, irrigação, e maquinaria agrícola estão também bem desenvolvidos.

A indústria mineira está a desenvolver-se com base em minerais encontrados no país, e as indústrias metalúrgicas e químicas não ferrosas estão a desenvolver-se com base em recursos hidroeléctricos baratos. A produção de electricidade é de grande importância no país. Com base na cascata de centrais hidroeléctricas construídas no rio Vakhsh, foi formado o Complexo de Produção Regional do Sul do Tajiquistão (HICHM). A UHE Norak, no rio Vakhsh, é única. Com base na sua energia barata, foi lançada uma fábrica de alumínio em Tursunzade. Além disso, foram também construídas as maiores centrais eléctricas da república. Estão localizadas em Dushanbe, Javan e outras cidades. Estas centrais térmicas e hidroeléctricas no rio Vakhsh fornecem electricidade ao centro e sul do Tajiquistão. Muitos depósitos de metais não ferrosos foram descobertos no país. Foi por isso que aqui foi construída uma central mineira e metalúrgica. Nos anos seguintes, desenvolveu-se a produção de alumínio, um novo tipo de indústria. A fábrica de alumínio Tursunzade é uma das maiores empresas não só no país, mas também entre os países da CEI.

Os fertilizantes azotados produzidos na fábrica de Vakhsh na república são utilizados não só na república, mas também nos países vizinhos. Foi lançada uma fábrica electroquímica em Java com base em electricidade barata e num grande depósito de matérias-primas. A fábrica produz soda cálcica, cloro líquido, cal clorada e produtos químicos domésticos. A engenharia mecânica desempenha também um papel importante na economia do país. As empresas de construção de máquinas estão localizadas nas principais cidades de Dushanbe, Khojand,

Qurghonteppa e outras. Uma variedade de produtos é produzida em empresas de construção de máquinas. Estas empresas produzem desde peças sobressalentes para máquinas agrícolas até transformadores, peças para a indústria eléctrica, e muito mais. Os autocarros PAZ serão montados em Khojand, em cooperação com a Rússia. Além disso, foram construídas empresas eléctricas, de instrumentação e outras empresas de fabrico.

Foram criados moinhos de seda em Dushanbe e Khojand, Tajiquistão, e foram criados moinhos de seda e tapetes em Qairoqqum. A indústria ligeira será ainda mais desenvolvida no país. Na indústria alimentar, vinho e produtos vitivinícolas, frutas enlatadas, passas, algodão e óleo vegetal (linho, sésamo), farinha e produtos de farinha, produtos lácteos Como resultado das dificuldades económicas dos últimos anos, a produção de produtos industriais, especialmente têxteis, vestuário, carne e produtos lácteos, diminuiu no país.

A cultura do algodão é um dos principais ramos da agricultura na república. Além disso, desenvolve-se a criação de bichos-da-seda, a horticultura e a viticultura, e nas regiões montanhosas, a horticultura de cereais e a criação de animais.

Como o Tajiquistão é um país montanhoso, não há muita terra arável. Apenas 44% do território do país é adequado para a agricultura. As terras aráveis não excedem 19%. Contudo, para além das suas próprias necessidades, a república exporta alguns produtos agrícolas para os países vizinhos. Exporta principalmente fibras de algodão, tabaco, vegetais, melões, frutas, uvas e outros.

Cerca de 1 milhão de toneladas de algodão é cultivado no país. O algodão comum é cultivado no Vale de Fergana, e o algodão de grão fino nos vales de Vakhsh e Hissar. O Tajiquistão fornece 50 por cento do valioso algodão de fibra fina da Ásia Central. Tecidos de alta qualidade são obtidos a partir desta variedade de algodão. A melhoria das instalações de irrigação, o desenvolvimento de novas terras permitirá um maior desenvolvimento do algodão e de outras culturas agrícolas no futuro.

As condições agro-climáticas do Tajiquistão são também favoráveis à horticultura e viticultura. Pêssegos, alperces, maçãs, peras, cerejas, cerejas, marmelos, figos, romãs, amêndoas e tâmaras são cultivados no país. Além disso, são cultivados legumes e melões que amam o calor. Alguns legumes são colhidos até 2-3 vezes por ano. A pecuária é apenas secundária em relação à agricultura. Produz 30% dos produtos agrícolas. O gado é dividido em lacticínios e carne, ovinos, suínos e aves de capoeira. O gado bovino fornece cerca de 50% da carne, para além do leite. A criação de gado bovino está a desenvolver-se em estreita ligação com o complexo do algodão. As ovelhas são apenas secundárias em relação ao gado bovino. São criados principalmente em pastagens naturais na república. As ovelhas Hisori são apascentadas no país. Estas ovelhas são mundialmente famosas pelo seu tamanho e rápido ganho de peso - pesam mais de 120-130 kg. A criação de ovelhas Karakol está bem organizada na república. O Tajiquistão tem o maior número de ovelhas Karakul na Ásia Central. O gado bovino, o principal rebanho do povo Pamir, é pastoreado. Estes animais estão adaptados aos climas frios e são utilizados para ordenha e carregamento. Deles são ordenhados 300-350 litros de leite desnatado.

Em todas as regiões da república (excepto em Gorno-Badakhshan) existe uma antiga indústria agrícola - a criação de bichos-da-seda. O Tajiquistão é um dos principais países produtores de casulos na Ásia Central. O pequeno território da república está dividido em 8 zonas económicas que, por sua vez, se combinam em três zonas económicas:
- Sudoeste do Tajiquistão.
- Norte do Tajiquistão.
- Sudeste do Tajiquistão.

O papel dos transportes no desenvolvimento da economia da república é incomparável. A região possui todos os modos de transporte - ferroviário, rodoviário, fluvial, aquático e aéreo. Os transportes ferroviários e rodoviários desempenham um papel de liderança na vida da república. O transporte ferroviário desempenha um papel importante nas relações internas e externas da república. Existem caminhos-de-ferro de bitola estreita e larga na região.

O caminho-de-ferro de Dushanbe-Termez desempenha um papel importante nas relações económicas externas do país. Desta forma, o Tajiquistão está ligado à Ásia Central e a outros países da CEI. Nos anos 70, foram construídos novos caminhos-de-ferro na parte sudeste do país, ligando o Termez-Kurgantepa-Yavan, bem como os vales de Vakhsh e Kulob. Devido à natureza montanhosa da região, o transporte rodoviário desempenha um papel importante no transporte inter-regional. A extensão total das estradas ultrapassa os 13.000 km. Mais de 80 por cento delas são estradas pavimentadas. As principais auto-estradas começam em Dushanbe. As auto-estradas Dushanbe-Termez e Dushanbe-Kurgantepa ligam a capital do país à cidade portuária uzbeque de Termez e ao centro da região de Kurgantepa, Kurgantepa. As auto-estradas Dushanbe-Khojand e Dushanbe-Khorugh estão temporariamente fechadas. Durante o Inverno, quando há muita neve no desfiladeiro, o tráfego é suspenso. A auto-estrada da região montanhosa de Badakhshan para a cidade vizinha de Osh, no Quirguizistão, liga-se ao Vale de Fergana. Os passageiros são transportados por via férrea, rodoviária e aérea. A parte do transporte aéreo é especialmente grande no seu transporte de longa distância. A capital do país está ligada por via aérea a todas as principais cidades do país. Dushanbe tem também voos para Moscovo, São Petersburgo, Tashkent, Novosibirsk, Transcaucasia e outros países da CEI. O país dispõe também de transporte por vias navegáveis interiores. Através de Panj e Amudarya, foram estabelecidos laços económicos com alguns estados da Ásia Central e do Afeganistão.

A república vende fibra de algodão, óleo vegetal, frutos secos, produtos hortícolas e frutas enlatados, e vinho a países vizinhos e a países estrangeiros. Também fornece maquinaria e produtos eléctricos: teares, transformadores, frigoríficos domésticos, peças sobressalentes para tractores automóveis, fios e tecidos de seda de produtos da indústria ligeira, tapetes e muitos outros produtos.

Taxa de desemprego (%). Em 2018, era de 2,30 por cento. A taxa de desemprego no Tajiquistão entre 2000 e 2018 foi, em média, de 2,42%. Número de desempregados. Em 2018, ascendia a 53,30 mil pessoas. O número de desempregados no Tajiquistão entre 1994 e 2018 era, em média, de 48,88 mil pessoas.

Taxa de inflação. Em 2018, era de 7,50 por cento. A inflação no Tajiquistão entre 1999 e 2018 foi, em média, de 12,22%.

Taxa de juro. Em 2018, as taxas de juro foram registadas a 13,25 por cento. As taxas de juro no Tajiquistão entre 2003 e 2018 foram em média de 10,56 por cento.

Balança comercial. No Tajiquistão, o défice comercial em 2018 ascendeu a 94,60 milhões de dólares. A balança comercial no Tajiquistão entre 2000 e 2018 foi em média de $ 112,26 milhões de dólares.

Conta corrente. Em 2018, ascendia a 117862,90 mil dólares americanos. A conta corrente no Tajiquistão de 1998 a 2018 ascendeu em média a $ 47.121,72 mil dólares norte-americanos.

Dívida pública ao PIB. No Tajiquistão, em 2018, a dívida pública ascendia a 47,90% do PIB. A dívida pública do país para com o PIB do Tajiquistão entre 1998 e 2018 foi em média de 54,92%.

Orçamento do Estado (em relação ao PIB). No Tajiquistão, em 2017, o défice orçamental do Estado ascendia a 0,30% do PIB. O orçamento do Governo do Tajiquistão de 1994 a 2017 representou 73% do produto interno bruto médio.

Produto Interno Bruto per capita. Em 2018, era de $ 1,073. O Tajiquistão tem um PIB per capita médio de 8% do mundo. De 1985 a 2018, o PIB per capita do Tajiquistão foi de 800,30 dólares.

Produto interno bruto da agricultura. Em 2018, caiu para 12.873,83 milhões de somoni, enquanto que em 2017 caiu para 12.985 milhões de somoni. O PIB agrícola do Tajiquistão entre 1995 e 2018 atingiu uma média de 4.868,46 milhões de sopas.

Produto interno bruto da construção. Aumentou de 5999,10 milhões de somoni em 2018 para 6677,87 milhões de somoni em 2017. O produto interno bruto da construção no Tajiquistão de 1995 a 2018 foi em média de 1982,92 milhões de somoni.

Produto interno bruto da produção. Em 2018, aumentou para 10.526,20 milhões de somoni, e em 2017 para 9.366,90 milhões de somoni. O produto interno bruto (PIB) no Tajiquistão de 1995 a 2017 foi em média de 2.941,97 milhões de somoni.

Produto interno bruto dos serviços. 2018 ascendeu a 9341,00. O produto interno bruto dos serviços no Tajiquistão entre 1995 e 2017 foi em média de 2.613,14 milhões de somoni.

Produto interno bruto do transporte. Em 2018, aumentou de 6781 milhões de sopas em 2017 para 7435 milhões de somoni. O produto interno bruto dos transportes do Tajiquistão entre 1995 e 2018 foi em média de 2.404,86 milhões de somoni.

Número de empregados. No quarto trimestre de 2018, ascendeu a 2257,90 mil. De 2000 a 2018, o número médio de pessoas empregadas no Tajiquistão foi de 1.420,84 mil.

Salário. Em 2018 (por mês) ascendeu a 1466,40 somoni. O salário médio no Tajiquistão entre 1995 e 2018 foi de 406,84 somoni por mês.

Homens em idade de reforma. Em 2018, ele tinha 63 anos de idade.

Mulheres em idade de reforma. Em 2018, tinha 58 anos de idade.

Inflação alimentar. Em 2018, os preços dos alimentos no Tajiquistão aumentaram 11,90% em comparação com o mesmo mês do ano passado. De 1999 a 2018, a inflação alimentar no Tajiquistão foi, em média, de 12,45%.

Exportação. Em 2018, ascendeu a 94,70 milhões de dólares. As exportações no Tajiquistão entre 2000 e 2018 atingiram uma média de 87,96 milhões de dólares. Atingiram um valor recorde de 291,80 milhões de dólares em 2017.

Importar. Em 2018, ascendeu a 213,30 milhões de dólares. As importações no Tajiquistão entre 2000 e 2018 atingiram em média $ 200,23 milhões de dólares.

Reservas de ouro. Em 2018, eram 22,33 toneladas. As reservas de ouro no Tajiquistão entre 2000 e 2018 foram, em média, de 5,38 toneladas.

Produção de petróleo bruto. Em 2018, era 0,18 BBL / D / 1K. A produção de petróleo bruto no Tajiquistão foi em média de 0,29 BBL / D / 1K de 1994 a 2018.

Dívida externa. Em 2018, registou 2.274,10 milhões de dólares. A dívida externa do Tajiquistão entre 2000 e 2018 foi em média de 1.521,50 milhões de dólares.

Receitas governamentais. Em 2018, ascendeu a 11998 milhões de somoni. As receitas governamentais no Tajiquistão entre 2000 e 2018 foram em média de 3.706,89 milhões de somoni.

Questões de controlo

1. Descrever a localização geográfica do Tajiquistão?
2. Qual é a composição do país?
3. Avaliar as condições naturais do país?
4. Em que recursos naturais é o país rico e qual o seu papel no desenvolvimento económico do país?
5. Indicar a população do país e as características da sua localização?

INGLÊS	UZBEK
O nível básico de vida é viver em condições de vida adequadas para a saúde e bem-estar do homem e do seu petróleo.	Asosiy turmush darajasi - inson va uning oilasining salomatligi va farovonligi uchun yetarli darajada yashash darajasi.
A poupança por aglomeração é a concentração de produtores e consumidores numa área limitada. Este produto é uma fonte adicional de rendimento devido a custos de produção e de transporte mais baixos.	Aglomeratsiyani tejash - cheklangan hududda ishlab chiqaruvchilar va iste'molchilarning konsentratsiyasi. Bu mahsulot ishlab chiqarish xarajatlarining kamayishi va transport xarajatlarining pasayishi tufayli qo'shimcha daromad manbai hisoblanadi.
O efeito de aglomeração é um factor de colocação complexo expresso por objectos colocados ou colocados de forma compacta.	Aglomeratsiya effekti - bu joylashtiriladigan yoki ixcham joylashtirilgan ob'ektlar bilan ifoda etilgan murakkab joylashtirish omili.
Uma imagem cartográfica anamórfica (anomorfoide) é um mapa cuja base de dados está claramente quebrada, ou seja, a base de dados já contém certos dados (por exemplo, num mapa mundial é possível mostrar o número de estados em proporção à sua população).	Anamorfik kartografik rasm (anomorfoid) - bu xaritadir, uning bazasi aniq buzilgan, ya'ni bazasi allaqachon ma'lum ma'lumotlarni o'z ichiga olgan (masalan, dunyo xaritasida davlatlar sonini ularning aholisiga mutanosib ravishda ko'rsatish mumkin).
A antropogeografia é uma escola de geografia social, cujo objecto principal é a interacção e interacção do homem com o ambiente.	Antropogeografiya - ijtimoiyadagi geografiyadagi maktab, uning asosiy ob'ekti insonning atrof-muhit bilan o'zaro munosabati va o'zaro ta'siri.
A. O modelo Lyosha ("paisagem económica") é um modelo melhorado da distribuição óptima das cidades por V. Kristler. A. Lesh introduziu factores adicionais que aproximam o modelo do mundo real (o principal é a localização central	A.Lyosha modeli ("iqtisodiy manzara") - V. Kristler tomonidan shaharlarni maqbul taqsimlashning takomillashtirilgan modeli. A. Lesh modelni real dunyoga yaqinlashtiradigan qo'shimcha omillar kiritdi (asosiysi - ushbu hududning barcha aholi punktlari

comum a todas as povoações desta região: um dos centros económicos mais importantes do país).	uchun umumiy markaziy alegria: mamlakatning eng muhim iqtisodiy markazlaridan biri).
Uma empresa é uma organização, empresa, ou negócio que normalmente se dedica à produção e venda de bens ou serviços com fins lucrativos.	Biznes - odatda foyda olish uchun tovarlar yoki xizmatlarni ishlab chiqarish va sotish bilan shug'ullanadigan tashkilot, korxona yoki biznes.
O ambiente empresarial são os acontecimentos ou tendências actuais que afectam um negócio, indústria, ou mercado.	Biznes muhiti - biznes, sanoat yoki bozorga ta'sir ko'rsatadigan zamonaviy voqealar yoki tendentsiyalar.
Actividade empresarial - todas as actividades relacionadas com a produção e venda de bens e serviços pela empresa.	Biznes faoliyati - korxona tomonidan tovarlar va xizmatlar ishlab chiqarish va sotish bilan bog'liq barcha faoliyat.
Economia de mercado - Um sistema que coordena a produção e distribuição de bens e serviços utilizando os mercados.	Bozor iqtisodiyoti - Bozorlar yordamida tovarlar va xizmatlarni ishlab chiqarish va taqsimlashni muvofiqlashtiruvchi tizim.
O desenvolvimento sustentável é as necessidades de desenvolvimento que satisfazem as necessidades do presente sem privar as gerações futuras da capacidade de satisfazer as suas próprias necessidades. Os recursos do desenvolvimento sustentável são valorizados para a sua utilização futura e presente.	Barqaror rivojlanish - kelajak avlodlarning o'z ehtiyojlarini qondirish qobiliyatidan mahrum holda hozirgi zamon ehtiyojlariga javob beradigan rivojlanishehtiyojlar. Barqaror rivojlanish resurslari ularning kelajagi va hozirgi foydalanish uchun qadrlaydi.
As necessidades são um bem ou serviço que os consumidores de uma economia consideram necessário para manter um nível de vida.	Ehtiyojlar - iqtisodiyotda iste'molchilar turmush darajasini saqlab qolish uchun zarur deb hisoblaydigan yaxshi yoki xizmat.
Genogeografia é o estudo da distribuição das características genéticas dos organismos vivos e dos seres humanos em diferentes regiões geográficas da Terra.	Genogeografiya - bu tirik organizmlar va odamlarning xarakterli irsiy xususiyatlarini Yerning turli geografik hudududlarida tarqalishini o'rganish.
O determinismo geográfico (o conceito de determinismo	Geografik determinizm (geografik determinizm tushunchasi) - bu

geográfico) é um conceito em que as condições geográficas predeterminam as características específicas da vida económica, social e política dos estados e sociedades, formando o seu espírito e carácter nacional.	geografik sharoitlar davlatlar va jamiyatlarning iqtisodiy, ijtimoiy va siyosiy hayotining o'ziga xos xususiyatlarini oldindan belgilab beradigan, ularning milliy ruhi va milliy xususiyatini shakllantiradigan tushuncha.
O espaço geográfico (geocosmos) é um conjunto de relações entre objectos geográficos localizados numa determinada área e que evoluem ao longo do tempo.	Geografik fazo (geokosmos) - ma'lum bir hudda joylashgan va vaqt o'tishi bilan rivojlanib boradigan geografik ob'ektlar o'rtasidagi munosabatlar majmui.
A geoeconomia é uma ciência na encruzilhada da economia global e da geopolítica.	Geoiqtisodiyot - global iqtisodiyot va geosiyosat chorrahasida joylashgan fan.
Um sistema socioeconómico territorial é uma interconexão económica e socialmente eficaz de elementos da sociedade que operam propositadamente numa determinada área como uma ligação entre a divisão social e o sindicato do trabalho.	Hududiy ijtimoiy-iqtisodiy tizim - bu ijtimoiy bo'linish va mehnat birlashuvining bo'g'ini sifatida ma'lum bir hududda maqsadli ravishda faoliyat ko'rsatadigan jamiyat elementlarining iqtisodiy va ijtimoiy jihatdan samarali o'zaro bog'liqligi.
A paisagem económica é a mistura de zonas de mercado de diferentes bens e serviços. O termo (como um conceito) foi desenvolvido pelo economista alemão A. Loch. Ver Modelo A. Lyosha.	Iqtisodiy landshaft - turli xil tovarlar va xizmatlarning bozor zonalarini o'zaro aralashtirish. Termin (tushuncha sifatida) nemis iqtisodchisi A. Losh tomonidan ishlab chiqilgan. Modelo A. Lyosha-ga qarang.
A distância económica é a distância entre objectos calculada em unidades de tempo ou valor, tendo em conta as rotas de transporte entre objectos	Iqtisodiy masofa - ob'ektlar orasidagi transport yo'nalishlarini hisobga olgan holda vaqt yoki qiymat birliklarida hisoblangan ob'ektlar orasidagi masofa
Sistema económico - Um sistema que coordena a produção e distribuição de bens e serviços.	Iqtisodiy tizim - Tovarlar va xizmatlarni ishlab chiqarish va taqsimlashni muvofiqlashtiruvchi tizim.
Economia - Todas as actividades realizadas na região para a produção, distribuição e consumo de bens e serviços.	Iqtisodiyot - Hududda tovarlar va xizmatlarni ishlab chiqarish, tarqatish va iste'mol qilish maqsadida amalga amalga oshiriladigan barcha tadbirlar.

Factores de produção - Recursos utilizados na produção de bens e serviços classificados como terra, trabalho, capital e empresa.	Ishlab chiqarish omillari - Yer, ishchi kuchi, kapital va korxona sifatida tasniflanadigan tovarlar va xizmatlar ishlab chiqarishda foydalaniladigan resurslar.
Métodos económico-matemáticos - um conjunto de ciências económicas e matemáticas.	Iqtisodiy-matematik usullari-Iqtisodiy va matematik fanlar majmuasi.

Referências

1. Baratov P., Mamatkulov M., Rafikov A. Geografia natural da Ásia Central. -T.: Professor, 2002.

2. Hasanov I., Gulomov P. Geografia natural da Ásia Central. -T.: Universidade, 2002.

3. Hasanov I., Gulomov P.N. Natural Geography of Uzbekistan (Parte 1). Livro-texto. -T.: Professor, 2007.

4. Hasanov I., Gulomov PN, Qayumov A. Geografia natural do Uzbequistão (parte 2). Livro-texto. -T.: Universidade, 2010.

5. Boltaev M. Geografia económica e social da Ásia Central. (Livro-texto) - T., 2003.

6. Kayumov A., Pardaev G, Islamov I. Geografia económica e social. (Geografia Económica e Social da Ásia Central. (Livro-texto). -T., 2007.

7. Boymirzaev K. Aulas práticas sobre a geografia natural da Ásia Central. (Livro-texto). -Namangan, 2009.

8. Maytdinova G.M.Modeli integratsii gosudarstv Tsentralnoy Azii: za i protiv // Mat-ly mejdunar. konf. "Projectos sotrudnichestva i integratsii dlya Tsentralnoy Azii: sravnitelnyy analiz, vozmojnosti i perspektivy. -Bishkek, 2007, p. 123.

Fontes electrónicas

1. http://tredingeconomics.com
2. http://infostat.uz
3. http://diagramma.uz
4. http://statistika.uz
5. http://www.wesmirbook.ru
6. http://wwwcentrasia.ru
7. www.economist.com
8. www.cia.gov
9. www.uzdaily.com
10. www.uzneftegaz.uz

Mirzakhmedov Ismoiljon Karimjon ugli é um professor interno do Departamento de Geografia. Vencedor da Bolsa Estatal de Ulugbek em 2015. Em 2016 formou-se com distinção na Universidade Estatal de Namangan. Em 2016-2018 trabalhou como aluno de pós-graduação do Departamento de Geografia, e em 2018 defendeu a sua tese de mestrado na Universidade Estatal de Namangan sobre "Características da formação, formação e desenvolvimento das paisagens do oásis do Vale de Fergana". Iniciou a sua carreira como professor em 37 escolas secundárias gerais em Namangan. Desde 2018 que trabalha no Departamento de Geografia. Até agora, 1 monografia, mais de 50 artigos científicos e práticos e teses foram publicados em revistas nacionais e estrangeiras.

I want morebooks!

Buy your books fast and straightforward online - at one of world's fastest growing online book stores! Environmentally sound due to Print-on-Demand technologies.

Buy your books online at
www.morebooks.shop

Compre os seus livros mais rápido e diretamente na internet, em uma das livrarias on-line com o maior crescimento no mundo! Produção que protege o meio ambiente através das tecnologias de impressão sob demanda.

Compre os seus livros on-line em
www.morebooks.shop

KS OmniScriptum Publishing
Brivibas gatve 197
LV-1039 Riga, Latvia
Telefax: +371 686 204 55

info@omniscriptum.com
www.omniscriptum.com

Printed by Books on Demand GmbH, Norderstedt / Germany